かぐわしき植物たちの秘密

香りとヒトの科学

田中修
丹治邦和 著

山と溪谷社

はじめに

自然の中で、植物たちは〝天然の香り〟を漂わせます。その香りには、姿や形はありません。そのため、ともすれば、その存在が大きいものには感じられません。しかし、その香りの多彩な働きに目を向ければ、「〝ただもの〟ではない」という香りの姿が浮かんできます。

たとえば、多くの植物が、香りで自分たちのからだを守ります。生きている植物たちは、香りを放って、自分のからだにカビが生えたり病原菌に感染したりすることから防御しているのです。その香りは、植物たちのからだを守るのにとどまらず、森林浴では〝森の香り〟や〝森林の香り〟として、私たち人間の心を癒やし、ストレスを和らげてくれます。

遠い昔から、それらの香りは、私たち人間の暮らしの中でも、活躍してくれています。私たちは、その香りの力を利用して、カビや細菌などの繁殖を抑え、桜餅や鯖寿司などで、食材の保存や風味を守ってきています。

また、植物たちは、自分たちの魅力を高めるのに、香りを利用します。多くの植物は、子どもである種子をつくるために、ハチやチョウなどを誘い込まなければなりません。そのための魅力となる大きな武器が、香りなのです。

〝色香で惑わす〟という表現は、私たち人間の場合には、あまり好ましいものでないかもしれません。しかし、多くの植物は、色香で虫を惑わし、花の中に誘い込みます。もちろん、色香の「色」は花の色であり、「香」は花の香りです。

香りは、虫を誘うための大切な魅力の一つなのです。しかも、香りは、魅力をふりまくための〝飛び道具〟となって、遠くまで漂ってくれます。この魅力に誘われるのは、虫たちだけでなく、私たち人間も同じです。

私たち人間も、植物たちの色香の魅力に引きつけられて、植物たちを栽培し、切り花や生け花として室内に飾り、花の季節には、観賞するためにあちこちへ足を運びます。それらから漂う香りは、私たちの何げない日々の中で、多くの人が楽しく感じる話題の素材となります。

私たち人間にとって、香りは、刺激として味覚を高める働きもあります。鼻をつまんで、香りを感じないようにして食べると、「どのような味なのかわからない」ということはよくあります。味を感じるためには、香りはなくてはならないものなのです。

香りは、味を感じさせるだけではなく、高級なレストランなどの料理の味を上まわって、主役の座を奪うこともあります。そのため、いい香りを強く漂わせる花は、そのような場所に置かれるのを敬遠されることもあります。もっと積極的には、放たれる香りを抑制する物質が花に与えられることすらあります。

一方で、ユズやレモンなどのように強い香りとともに酸みをもち、生では果実が食べられないような香酸柑橘類《こうさんかんきつるい》の香りは、素材の味を際立たせて、喉《のど》を潤します。また、ワサビやミョウガなどの香辛野菜の香りは、食材の味を生かし、料理の風味を高めます。

植物の香りは、私たちが味を感じるときに働くのと同じように、私たちの気持ちにも響くものです。苦しいときや悲しいときには、やさしく漂う香りが心を和らげ、癒やしてくれます。

逆に、お祝い事や喜びを感じる出来事があるときには、香りが心を高揚させてくれます。また、香りは、戦わざるを得ないときには、戦いに臨むための気持ちを鼓舞してくれることもあります。

何も語ることなく、動きまわることもない植物たちが、仲間とコミュニケーションをとるときの〝秘密の手段〟となるのも、香りです。病害虫がそばにいることを仲間に伝えたり、自分のからだを守るために、助けをよぶ手段として利用したりすることもあります。

このように、植物たちの香りには、多彩な働きがあります。近年は、その中でも、私たちの健康を支えてくれる香りの働きが、多くの人々の興味を引き、話題となっています。若返りやダイエットに効果があるという香りの働きが、科学的に明らかにされつつあるのです。
本書では、そのような視点で、身近な植物の香りに焦点を当てました。ここで紹介する、香りを放つ植物たち、植物たちから漂う香りの働き、話題となる香りなどを通して、読者の皆さんが植物たちの生き方に興味をもってくださる〝きっかけ〟になることを願っています。

植物の〝香り〟という魅力的なテーマで本書を企画し、小見出しや構成に工夫を凝らして編集し、出版にこぎつけてくださった藤井文子氏に深く感謝いたします。また、読者に届くまでに、ひとかたならぬご尽力をいただいた方々に、心から御礼申し上げます。

2021年1月
田中　修
丹治邦和

2 はじめに

6 目次

第三章 リラックス効果をもたらす身近な香り

第四章 ウイルスや細菌を撃退する香り

第五章 健康を支えてくれる優れものの香り

第六章 万能感半端ない香りといえば…

第七章 ざんねんな香りに秘められた真実

第一章

若返りとダイエットの香り

「若々しく見られたい」「苦労せずにダイエットしたい」「認知症を予防したい」など、私たちには、欲張りな思いがあります。そんな思いをかなえるのを助けてくれそうな香りとは？

秋を代表する香りのダイエット効果に熱い視線！

キンモクセイ（モクセイ科）

「秋の香り」といわれる甘い芳香を漂わせる黄色い小さな花を咲かせるのは、キンモクセイであり、その原産地は中国です。この植物の学名は、「オスマントゥス　フラグランス」です。

学名というのは、その植物が属する「属名」と、その植物の特徴を表す「種小名」の二つの語から成り立ちます。属名というのは、生物の分類学上の一つの階層である「科」の下の、グループ名を示すものです。

「オスマントゥス」はモクセイ属を示しますが、ギリシャ語の「香り（オスメ）」と「花（アントス）」から成り立っています。「フラグランス」は「芳香を放つ」で、「オスマントゥスフラグランス」は、ギリシャ語で「芳香を放つ花」を意味します。英語名でも、香りが強い花なので、「オリーブのような香りを漂わせる木」という意味で、「フレグラント・オリーブ」です。

この植物は、日本には江戸時代にもたらされました。「金木犀」の漢字名は、黄色（金色）

の花が咲くモクセイ（木犀）科の植物であることにちなみます。同じように、白い花を咲かせるのは、「銀木犀」です。

「犀」という漢字は、動物の「サイ」に使われます。「なぜ、動物のサイ（犀）の文字が、この植物に使われるのか」との疑問が浮かびます。これについては、「モクセイの樹皮が、サイの皮膚に似ているから」といわれています。

キンモクセイは、中国名で「九里香《キュウリコウ》」ともいわれます。「香りを9里離れた場所まで漂わせる」という意味です。中国の一里は約400～500メートルなので、秋に、金色と形容される黄色の多数の小花から、約3600～4500メートルも花の香りが飛ぶというのです。その強い香りのおかげで、キンモクセイは、春のジンチョウゲ、初夏のクチナシとともに「三大芳香花」とよばれています。

この植物は、トイレが汲み取り式だったひと昔前、公園などの公衆トイレの横によく植えられていました。「なぜ、トイレの横によく植えられているのか」との疑問には、「キンモクセイは香りが強いので、トイレのにおいを打ち消してくれるから」と説明されました。

たしかに、キンモクセイの香りは、秋の香りとして印象深いので、この植物の花は、秋の間、長く咲いているように思われがちです。しかし、花が咲く期間は意外と短く、私の住んでいる関西地方では、普通は10月上旬に10日間ほど咲くだけです。ですから、10日間ほどのトイレの消臭のために、わざわざ植えられていたのではないでしょう。

トイレが水洗式に代わると、古い汲み取り式トイレのイメージが染みついているとして、キンモクセイの香りは、芳香剤の香りとしては敬遠され、ラベンダーなどの「フローラル（花のような）」といわれる香りに取って代わられました。今後、どんな新しい役割を担っていくのか楽しみに見守りたい香りです。

その一つの期待が、ダイエットに効果のある香りとなる可能性です。「キンモクセイの香りには、ダイエット効果がある」と、２００７年3月、大阪大学と株式会社カネボウ化粧品の研究グループの研究発表で裏づけられています。

この研究では、キンモクセイの香りを染み込ませた餌を、25日間毎日食べたラットの体重は、香りを染み込ませない餌を食べていたラットの9割でした。また、香りを染み込ませた紙をケージの下に30分間置くと、「オレキシン」という物質の量が低下し、食事や飲む水の量が減ったというのです。

オレキシンというのは、ギリシャ語で食欲を意味する「オレキス」に由来して名づけられている、食欲を促す働きのある物質です。つまり、キンモクセイの香りを嗅ぐとオレキシンの量が減り、食欲が低下して、体重増加が抑えられるのです。

香りがオレキシンの量を減らしているのかを確かめるために、硫酸亜鉛という、嗅覚を消失させる液体を鼻の中に入れ、実験が行われました。その結果、嗅覚がなくなったラットでは、キンモクセイの香りを嗅がせても、食欲の抑制はありませんでした。それに対し、嗅覚がなくなっていないラットの25日後の体重は、嗅覚がなくなったラットと比較して、約1割減っていました。

また、20~40代の女性10人のうち、5人に、12日間、キンモクセイの香りを染み込ませたガーゼを胸ポケットに入れてもらいました。胸ポケットに入れて実験された理由は、胸ポケットだと、キンモクセイの香りはすぐ上に位置する鼻から吸い込まれる可能性が高いからと考えられます。

これらの5人は、キンモクセイの香りを染み込ませたガーゼを胸ポケットに入れなかった5人に比べ、満腹感が高く、体重や体脂肪は減る傾向がありました。具体的には、キンモクセイの香りを嗅いだ5人は、平均体重が1・4キログラム減りました。一方、香りを嗅がなかった5人は、平均体重が0・2キログラムしか減少しませんでした。つまり、キンモクセイの香りが鼻から入ることによって、オレキシンが減り、食欲が減っていることが考えられます。

このような効果をもたらすキンモクセイの花の香りの主な成分は、「ガンマデカラクトン」と「リナロール」といわれます。リナロールは、クチナシなど、多くの甘い香りの花に含まれる成分です。リナロールの作用については、クチナシの項（P44）で紹介します。キンモクセイの花の香りはかなり遠くまで漂い、私たち人間も、花の姿が見えない場所でも、その香りを感じることがあります。そのため、ハチやチョウなどを多く引き寄せる効果は、さぞ強いだろうと想像されます。

ところが、日本ではこの花に誘われてくる虫はほとんどいないのです。というより、多くの虫は、この香りを好まず避けるようです。この香りが好きで寄ってくるのは、ホソヒラタアブやヒイラギ（オオ）ワタムシ、またはハマキワタムシなどごく限られた虫だけといわれています。

花粉を運んでくれる虫を限定すれば、受粉が効率よく行われることが期待されます。ところがキンモクセイは、花粉をつくる雄花を咲かせる雄株と、種子をつくる雌花を咲かせる雌株が別々になっている植物であり、日本には雄株しか存在しません。そのため、私たちの身近にあるキンモクセイは、種子をつくることはありません。

この植物の甘い芳香が漂うと、秋のむなしさを感じることがあります。種子をつくり果実を実らせることができないキンモクセイのざんねんな思いが、その香りに込められているからかもしれません。

永遠の美を世界中に知らしめたクレオパトラの秘薬とは

バラ（バラ科）

バラはヨーロッパや中国を原産地とするものが交配されて、品種改良が重ねられ、多くの園芸品種がつくられています。西洋では「花の王様」とされます。

「母の日」に感謝と敬愛の気持ちを込めて贈られる花がカーネーションであることは、よく知られています。それに対し、「父の日」に贈られる花はバラとされているのですが、母の日のカーネーションほどには定着していません。バラにとっては、ざんねんな思いかもしれません。

バラの花の香りには、多くの成分が含まれています。主なものでは「ゲラニオール」「シトロネロール」「リナロール」などです。これらは、私たちの気持ちを明るくし、活力を生み出してくれるように感じられます。

バラの花のもつ、これらの効用を歴史的にもっとも巧みに利用したといわれるのは、エジプトのプトレマイオス朝最後のファラオ（古代エジプトの王の称号）として活躍したクレオパトラです。

彼女は、中国の唐の時代、玄宗皇帝の妃だった楊貴妃、平安時代の歌人であった小野小町とともに「世界三大美人」として知られています。日本以外では、小野小町に代わり、古代スパルタの王妃でギリシャ神話の女神といわれるヘレネが選ばれています。3人の中で、最も美しい肌と若さを保ち、美と健康を維持していたのは、クレオパトラとされます。彼女は、バラの花や花びらを、宮殿の廊下や部屋中に敷き詰め、部屋に香りを漂わせていたそうです。また、彼女は、花や花びらをふんだんに浮かべた「バラ風呂」を愛したともいわれます。

世界で20000品種以上もあるバラの中で、特に香り高いバラとして「ダマスク・ローズ」が知られています。この植物の学名は「ロサ　ダマスケナ」であり、「バラの女王」ともよばれます。「ロサ」は「赤い」を意味してバラ属であることを示し、「ダマスケナ」はシリアの首都ダマスカスにちなんでいます。

バラには多くの品種がありますが、大きく3種類に分けられることがあります。1800年代に、バラの人工交配がはじまってから生まれたハイブリッドのバラを「モダンローズ」、それ以前から育てられていたバラを「オールドローズ」、自然に昔から生えていたバラが「ワイルドローズ」です。

バラの栽培が始まったのは、紀元前5000年ころのメソポタミアの辺りだといわれていますが、クレオパトラが愛用したバラは、特に香り高いことから「オールドローズ」の中のダマスク・ローズではないかと考えられています。

これまでダマスク・ローズの香りでは、「痛みを和らげる」という鎮痛作用が知られています。たとえば、イランのテヘランにあるイラン医科大学からの報告では、ダマスク・ローズの香りが、帝王切開で出産した女性の痛みを和らげることがわかっています。

また、イランのハマダンにあるハマダン医科大学は、全身やけどを負った患者（120人）を対象とした2020年の研究で、ダマスク・ローズの香りがやけどによる痛みを和らげると報告しています。

2016年に、長谷川香料株式会社が、ダマスク・ローズからウッディな香りを醸し出す成分である「ロタンダン（ロタンドン）」を見つけ出しました。これについてはコショウの項（P167）で紹介します。

毒性は強いけれど、香りは便秘がちな人にお役立ち

スズラン（キジカクシ科）

スズランの原産地は、広く北半球とされます。日本では、本州中部の高原や北海道の平地に群生し、初夏に白い小さな花を多く咲かせます。学名は「コンバラリア　ケイスケイ」で「コンバラリア」は、「谷間のユリ」を意味します。

「ケイスケイ」は、江戸時代末期から明治時代の初期にかけて、東京帝国大学などで活躍した植物学者である伊藤圭介という博士の名前にちなみます。伊藤圭介博士は、日本で最初の理学博士で、「雄しべ」「雌しべ」「花粉」などの日本語の言葉をつくり出した人として知られています。

ヨーロッパでは5月1日が「スズランの日」とされており、スズランを贈る習慣があります。これは、1561年の5月1日に、フランスの国王シャルル9世がスズランの花束を女官からプレゼントされ、大喜びしたことがはじまりとされています。その後、シャルル9世は、この喜びを宮廷で働いている女性たちにも分け与えようと考え、毎年、5月1日にスズランを贈ることにしました。それ以来、ヨーロッパの人々の間では、「スズラ

ンを5月1日に贈ると、その年一年間は幸せに暮らせる」という風習が定着したのです。近年は5月1日にこだわらず、「この花を贈られると、幸せがくる」といわれます。

スズランは、真っ白や薄いピンクなどの可憐な花を、うつむくように咲かせます。その面影から、ヨーロッパでは「聖母の涙」、日本では「君影草」などの別名をもちます。また、きびしい冬を終え春先に咲くことから、英語では「リターン・トゥー・ハピネス（幸福の再来）」ともよばれます。

スズランは、その可憐な姿からは想像しにくいですが、花、葉、茎、根に、有毒物質が含まれています。その名は、この植物の属名「コンバラリア」にちなんで、「コンバラトキシン」です。「トキシン」は、英語でもドイツ語でも「毒素」を意味する語です。といっても、「スズランを食べることなどない」と思われがちです。でも、芽生えの姿が、東北地方の「山菜の王様」といわれるギョウジャニンニク（行者大蒜）とよく似ているので、誤食されるのです。

スズランは、バラ、ジャスミンとともに「三大フローラルノート」とよばれています。フローラルとは「花」のことであり、「ノート」は香りやにおいを意味します。「四大フローラルノート」となると、これらにライラックが加えられます。

スズランの花の香りには毒はなく、多くの香水のもとになっています。その香りは「ミュゲ」とよばれます。これは、香水大国フランスで、スズランのことを「ミュゲ」とよぶからです。さらにスズランの花の香りには、「落ち着きを保つ」「安静をもたらす」という作用があるといわれます。香りの成分は、一般的に、1種類ではなく、複数の成分が混ざってできています。スズランの香り成分も、例外ではありません。主な成分は「シトロネロール」「ゲラニオール」「リナロール」などです。「バラの花と香りは異なるのに、成分は同じではないか」と思われるかもしれません。しかし、主な成分は同じでも、その含まれる量や割合は異なります。また香りは、微量に含まれる成分によって異なってきます。その微量な成分には、未知のものが多くあります。香りの微妙な違いは、そのように生み出されてくるものなのです。

　2020年、スズランの花の香りに最も多く含まれる成分であるリナロールについて、「人間の腸を緩《ゆる》める効果がある」ということが発表されました。イギリスのロンドン大学とイタリアのカラブリア大学の共同研究でした。この研究では、人から摘出した腸を生体と似た成分の液に漬け、その液に「リナロール」「リモネン」「酢酸リナリル」がそれぞれ加えられ、腸の「緩める・締《し》める」具合が電気的に観察されました。

　その結果、リナロールにもっとも強く腸を緩める効果が見られ、次いでリモネン、酢酸リナリルの順でした。香りが体内の腸の働きに影響するのは、ちょっと意外に感じられます。でも、報告されたリナロールの腸を緩める効果は、以前からモルモットやラットなどで報告されていました。

腸は「緩める」と「締める」という運動を繰り返すことで便を排出しています。これは、「蠕動運動《ぜんどう》」といわれます。腸をギュッと締めるときには、交感神経から出る「アドレナリン」が主に働いています。アドレナリンは、英語では「ファイト・フライト　ホルモン」とよばれ、日本語では「戦闘・逃避ホルモン」となります。なぜなら、「戦うとき」、あるいは「逃げるとき」にアドレナリンが大量に分泌されるからです。「戦う」と「逃げる」のは、まったく正反対のように思われますが、どちらも必死に命を守る必要がある状況です。このような緊張した状況では、アドレナリンが大量に分泌され、働くのです。

リナロールは、このアドレナリンの働きを抑制することにより、腸の収縮を抑えて緩めるのです。リナロールを含むスズランの香りが腸を緩めるので、ストレスや緊張で「便秘になりがちな人」は、スズランの香りでスムーズな排便が期待できるかもしれません。腸に限らず、リナロールは緊張をもたらすアドレナリンの働きを抑制するのですから、リラックス効果をもたらすことでしょう。生活や仕事などで緊張が続くとき、スズランの花の香りを嗅げば、気持ちを落ち着かせることができるはずです。

アンチエイジングに最適な香りにそっぽを向くマウス

バニラ（ラン科）

バニラは、ラン科バニラ属の植物で、その原産地は中央アメリカです。学名は、「バニラ　プラニフォリア」で、「バニラ」はバニラ属であることを示し、その語源はスペイン語の「Vainilla（小さなサヤ）」に由来します。

この植物は、黄緑色の花を咲かせる多年草で、香料として有名ですが、花に香りはありません。バニラの花は1日ほどで枯れてしまうので、実ができるためにはこの間に受粉する必要があります。バニラの果実は豆のサヤのようにでき、収穫後、天日干しや醗酵などを経ると、次第に香りが出てきます。そのサヤ、およびサヤから取れる種子が、バニラの香りを発します。

バニラの甘い香り成分は「バニリン」です。バニリンは、食品、化粧品、香水などによく使われていますが、自然から抽出されたものはわずかで、市場で使われるバニリンの約90パーセントは、人工的に合成されたものです。

２００７年に、バニリンを「牛の糞」から抽出したとして日本人が第17回イグ・ノーベル化学賞を受賞し、話題となりました。イグ・ノーベル賞というのは、1991年にアメリカで創設され、「ユーモアにあふれ、考えさせられる独創的な研究」に与えられるものです。「イグ」は反対を意味し、「うしろに続く言葉を否定する語句」といわれます。ですから、イグ・ノーベル賞は、「裏のノーベル賞」といわれることもあります。

バニラの香りには、抗酸化作用や抗炎症作用があるといわれてきました。2019年に、川崎医療福祉大学の研究チームが、新たにバニラの鎮痛作用を報告しました。

マウスにバニリンの香りを嗅がせ、やけどをしない程度に加熱した板に乗せると、バニリンを嗅がせなかったマウスよりも、足を引っ込める反応が遅く、熱の痛みを感じにくくなっていることが示されたのです。

マウスはヒトと同じように「バニラの香りを好ましいと感じているのか」との疑問が浮かびます。川崎医療福祉大学の研究チームは、この疑問にも答えてくれました。

研究では、10匹のマウスに20分間、バニラの香りを嗅がせました。比較のために、別の10匹には、バニラの香りを嗅がせませんでした。そのあと、バニラの香りがする液が飼育箱の片方の隅にだけ置かれ、もう一方の隅には水が置かれました。もしマウスがバニラの香りに興味をもったり、好ましい香りと感じたりすれば、バニラの香りのある隅のほうに行くはずです。

ところが、マウスは「水を置いた隅」に比べて、「バニラの香りを置いた隅」に多く行くことはありませんでした。この結果から、マウスは、バニラの香りをあまり感じていない、もしくは、あまり興味をもっていないことがわかりました。

同じように、ヒトはコーヒーの香りを心地よく感じますが、「マウスではどうなのか」との疑問も浮かびます。別の研究グループが、コーヒーの香りを同じような実験で試したところ、マウスはコーヒーの香りを置いた場所にはあまり行きたがらなかったのです。

脂肪燃焼効果を二つもった最強のフルーツ

グレープフルーツ(ミカン科)

この植物は西インド諸島が原産地で、柑橘類のブンタンがほかの柑橘類と自然の中で交配して生まれたと考えられています。学名は「シトラス　パラディィシ」で、「パラディィシ」はパラダイス(楽園、天国の意味)にちなみますから、「楽園の樹の果実」といわれます。「シトラス」は、ラテン語で「シトロンの木」を意味する「シトルス」に由来するとされています。「シトロン」は、古くは、ミカン科ミカン属のある植物の名前でしたが、レモンの木の古来のよび名になったといわれるものです。

「グレープフルーツ」とよばれますが、グレープ(ブドウ)とは、味も香りも似ていません。ですから、風味が似ているからついた名ではありません。一本の枝にたくさんの果実がなり、ブドウ(グレープ)のように房状になるからです。

グレープフルーツは「ダイエットに効く」といわれます。その成分は、果実に含まれる苦みを出す「ナリンギン」という物質です。これは、満腹感を出し食欲を抑えるといわれます。さらに、グレープフルーツが「ダイエットに効く」といわれるのには、香りが関与しています。

グレープフルーツのさわやかな香りは、種小名に使われた「パラディシ」の楽園や天国の意味から、「天国の香り」と形容されます。2005年に、この香りが体重の増加を抑える効果が発表されました。

大阪大学と新潟大学との共同研究で、ラットを、グレープフルーツの香りを嗅がせるグループと、香りを嗅がせないグループに分けて行われた実験を紹介します。二つのグループの餌の摂取量は、1週目には変わりませんでした。2週目になると、香りを嗅がないグループでは一日に約26グラムを食べていました。一方の香りを嗅いだグループでは約25グラムを食べていました。

その後、3週、4週、5週と、香りを嗅いだグループの摂取量がだんだんと少なくなりました。6週目になると、香りを嗅がないグループでは、一日に24〜25グラムの餌を食べているのに対し、香りを嗅いだグループでは、22グラム〜23グラムと、摂取量が減っていました。

体重は、3週目ごろから違いが出はじめました。6週間後には、香りを嗅いだグループでは、体重が約10パーセント少なくなっていました。これは餌の摂取量が毎回少しずつ減少したので、体重の増加が抑えられたためと考えられます。

この結果は、グレープフルーツのさわやかな香りに含まれる「リモネン」の効果と思われます。近年、リモネンは「運動しなくても痩せるための細胞」とよばれる褐色脂肪細胞を活性化することがわかってきているからです。

褐色脂肪細胞とは、からだの中にある、運動をしなくても脂肪を燃やして熱を発生させる作用をもつものです。この細胞が活発に働くと、脂肪を燃焼させるだけでなく、エネルギーが発生するので、空腹感は生まれてこないのです。

グレープフルーツのリモネンは香りですが、褐色脂肪細胞を活発に働かせる物質として、カラシの辛み成分である「アリルイソチオシアネート」、トウガラシの辛み成分である「カプサイシン」、トウガラシの非辛み成分である「カプシエイト」、ショウガの「パラドール」、コーヒーの「カフェイン」、ブロッコリーの「スルフォラファン」などが知られています。

グレープフルーツには、リモネンとは別に、「ヌートカン」という物質による独特の香りがあります。この香りも、脂肪の燃焼を促進するといわれているので、先ほど紹介した実験結果に貢献した可能性はあります。

同じ2005年には、アメリカのシカゴにある嗅覚味覚療法研究財団の研究者により、次のような調査が行われました。

中年女性が、バナナやブロッコリー、ラベンダーやスペアミントなどの果物や野菜や花の香りを身につけて男性の前に現れ、「私は何歳に見えますか」と年齢を尋ねたのです。

するとバナナやブロッコリー、ラベンダーやスペアミントなどの香りを身につけていても、ほとんど年齢が当てられました。ところが、グレープフルーツの香りを身につけて尋ねると、実際の年齢より約6歳、若い年齢に見られるという結果が出ました。

ただ、不思議なことに、グレープフルーツのこの若く見せる香りの効果は、男性が身につけても現れないということでした。この結果においては、グレープフルーツのどの香り成分が効果をもたらしたのかについては、触れられていませんでした。

でも、化粧品あるいは香水の中にグレープフルーツの香りを混ぜ合わせれば、この効果は役に立つ可能性が考えられます。

若返りの香りは記憶力まで高めるらしい

ローズマリー（シソ科）

近年、ガーデニングが盛んになり、私たちの身近にハーブが増えてきました。代表的なのはラベンダーですが、それに負けずに栽培されているのは、ローズマリーです。ラベンダーは地中海沿岸地方が原産地の植物です。

ローズマリーも、地中海沿岸地方を原産地とするハーブです。学名は「ロスマリヌスオフィシナリス」です。「ロスマリヌス」は、マンネンロウ属を示し、ラテン語の「ロス（雫《しずく》）」と「マリヌス（海）」を合わせたもので、「海の雫」という意味です。ローズマリーの花びらの形が、「海の雫」に見えるということでしょう。種小名の「オフィシナリス」は、ラテン語で「薬用の」を意味します。

この植物は、光沢のある緑の葉が一年中生えているために、「永遠の愛」の象徴とされます。特有の香りの成分は、属名の「ロスマリヌス」に由来して「ロスマノール」です。

ローズマリーはシソ科マンネンロウ属の常緑性の植物で、漢字では「万年朗」と書きます。もとは、ローズマリーの香りが強く、常に香っていることから、「万年たっても香りがする」という意味で「万年香」だったともいわれています。

1600年代に描かれたウィリアム・シェイクスピアの戯曲「ハムレット」に、ローズマリーが登場します。主人公ハムレットの妃候補であった若い貴婦人オフィーリアは、ハムレットに「私のことを忘れないで」とローズマリーを贈るのです。

そしてその後、オフィーリアは川で浮いて亡くなっているのが発見されました。これをもとにしてローズマリーの花言葉ができたのか、それ以前からあったのかは定かではありませんが、ローズマリーの花言葉は、「追憶」です。おそらく以前から、ローズマリーの花言葉として「追憶」や「私を忘れないで」という花言葉があったと思われます。なぜなら、古代エジプトでは、ローズマリーの枝をミイラが腐らないように棺に入れていたからです。

ローズマリーは、肉料理の香辛料として、またハーブの素材としてもよく使われています。ローズマリーの成分として、酸化を防ぐ抗酸化作用をもつ「カルノシン酸」がよく紹介されます。カルノシン酸には、脳や神経を保護する作用があるため、食べることでアルツハイマー症などの神経系の病気を防ぐ可能性があり、精力的に研究が行われています。

しかし、カルノシン酸は水に溶けにくい性質があり、脳に到達する量が少ないため、いまだに実用化には至っていません。「ローズマリーの香り」としてカルノシン酸を吸い込むのが「脳」へは最も近道なのですが、残念ながらカルノシン酸は揮発しないので、香りを通してカルノシン酸を取り入れることはできません。

一方、「ローズマリーの香りは、記憶力を高める」といわれています。「ほんとうに、ローズマリーの香りにそのような効果があるのか」との疑問が浮かびます。ところが、実際に最近の研究で、ローズマリーの香りが「記憶力」を高めるということが示されてきています。

最もよく知られ、信頼性が高いとされている研究は、イギリスのニューカッスル・アポン・タインにあるノーザンブリア大学から、２００３年に発表されたものです。この研究では、１４４人の健常な人（平均年齢は24歳）に香りを嗅いでもらいました。「ローズマリー」の香りを嗅ぐ人、「ラベンダー」の香りを嗅ぐ人、そして、対照として、何の香りも嗅がない人のグループに分けられました。

記憶テストをする前に、５分間、それぞれのにおいを嗅いでもらい、さらに、テスト中もにおいを嗅いでもらうために、会場に心地よい程度の「ローズマリー」「ラベンダー」「無臭」の香り瓶を準備しました。

そして、作業記憶、長期記憶、集中力を検査しました。作業記憶とは、順番に物事を覚えてもらう記憶力です。長期記憶とは、ある物事を長時間覚えているかどうかを試す記憶力です。集中力を測るためには、簡単な計算問題を解いてもらいました。

その結果、ローズマリーの香りを嗅いだ人は、二つの記憶力を高めることがわかりました。また、集中力も高まりました。それに対し、ラベンダーや無臭のグループでは、何の変化も認められませんでした。

「では、ローズマリーの香りには、どのような香り成分が入っているのか」との疑問が浮かびます。栽培される地域や土壌などによっても異なりますが、多い成分は「酢酸ボルニル」です。

酢酸ボルニルは針葉樹にも多く含まれており、後に述べる「ピネン」とともに、「森の香り」ともいわれ、さわやかさを感じることから、石鹸、入浴剤、また芳香剤としてよく使われています。これまでに酢酸ボルニルの香りを嗅ぐと、緊張を緩和する効果や睡眠が誘導されることが認められています。

次いで「シネオール」が多く含まれており、この香りは別名「ユーカリプトール」ともよばれ、ユーカリの葉にも大量に含まれていることが知られています。シネオールには、抗ウイルス効果や抗菌作用のあることが知られており、ハンドクリームなどにも使われています。

次に多いのは「ピネン」で、さわやかな清涼感のある香りです。清涼感があるため、化粧品やトイレの芳香剤などに使われています。

またローズマリーは「若返りのハーブ」といわれています。「その根拠は、どんなものなのか」との疑問が浮かびます。ローズマリーの成分は「若返りの水」として昔から使われています。例えばローズマリーをアルコールに漬け、そのまま低温で保存しておくと、ローズマリーの成分が染み出てきます。

「これを使っていたハンガリー王妃は、たいへん若々しく、50歳も年下の男性と結婚した」といわれます。この話の真偽は定かではありませんが、ローズマリーから取り出した液は、ハンガリー王妃にちなんで、英語では「ハンガリアン・ウオーター」とよばれることがあります。「ローズマリー、恐るべし!」です。

人気の香り〝ネロリ〟の主役はこの花

ダイダイ（ミカン科）

この植物は、インド東部のヒマラヤ地方の原産で、レモン、ライムとともに、世界三大香酸柑橘類に入っています。香酸柑橘類とは強い香りとともに酸みをもち、生では果実を食べないような柑橘類で、ダイダイはその一つです。ダイダイの学名は、「シトラス　アウランティウム」で、「シトラス」はミカン属を示し、グレープフルーツの項（P29）で紹介したように、ラテン語で「シトロンの木」を意味する「シトルス」に由来するとされています。「アウランティウム」は、果実の色である「橙色」を意味します。

果実は、欧米ではサワーオレンジという名称をもち、マーマレードの材料に用いられます。病気に強いこともあって、ミカン類の接ぎ木の台木としても利用されます。苦みがあるので「ビター（苦い）オレンジ」ともいわれます。

日本には鎌倉時代に中国から伝えられました。現在では、日本は、スペインと並んで世界的な産地となっています。

この植物は、夏に白い花を咲かせ、冬に果実が成熟して橙色になります。この果実を収穫しないで枝についたままにしておくと、翌夏には緑色に戻り、これを「回青現象《かいせい》」といいます。冬になると再び色づき、この現象を2、3年は繰り返します。そのため、一つの木に1代目、2代目、3代目などと「代々」の実がなるので、「ダイダイ」といわれます。

この言葉が「代々栄える」に通じることから、子孫の繁栄や長寿が連想され、縁起が良いので、正月の飾りに用いられます。正月の飾り物、鏡餅の上に乗せるのは、ミカンではなく、本来はダイダイなのです。

この花から、香料で名高い「ネロリ」が取り出されます。ネロリの香りは、アロマセラピーでもよく使われており、天然の精神安定剤といわれ、「心を落ち着ける効果」がよく知られています。

ネロリの語源は、17世紀末に、イタリアのブラッチャーノ湖の湖畔にある小さな町に住んでいた「ネローラ姫」が、この香りを好んでつけたことからネロリと名づけられました。この町では、今でもビターオレンジ畑が広がっており、4月下旬から6月上旬にビターオレンジの花が満開になります。

2020年3月、長崎大学大学院医歯薬学総合研究科で、ネロリを含む10種類の植物の香りによって、若さを保つホルモンの一つ、「オキシトシン」が分泌されるかどうかを調べた研究の成果が発表されました。

オキシトシンは、分娩を促すホルモン剤として現在でも広く使われています。また、授乳中の女性ではオキシトシンが多く分泌されるため、「若々しさを保つホルモン」として、セロトニンと並んで「幸せ感をもたらす物質」としても知られています。

セロトニンというのは、一般的には「幸せ物質」や「幸せホルモン」ともよばれています。この物質が「楽しい」「充実している」など、幸せを感じる感情を生み出すからです。

この研究には、15人の閉経後の女性が参加しました。10種類の植物とはローズオットー、オレンジ、ラベンダー、ダイダイ、フランキンセンス、ジャスミン、イランイラン、カモミール、セージ、そしてサンダルウッドです。

その結果、唾液中のオキシトシンの分泌を増加させた香りが6つ見つかりました。ダイダイのネロリをはじめとして、ラベンダー、ジャスミン、カモミール、セージとサンダルウッドの香りでした。この研究では、「これらの香りにより、閉経後の女性に見られる肌の『老化』や『たるみ』などを防ぐ効果をもたらすのではないか」と締めくくっています。

ダイダイの皮や味には「シネフリン」とよばれる物質が含まれています。これが薬物として利用されると、私たち人間の交感神経を刺激して、興奮作用をもたらすことがわかっています。そのため、この物質は、ドーピング検査の禁止薬物に入っています。

ドーピング検査の禁止薬物は、三つに分類されています。一つ目は、常に禁止されており使ってはいけないもの、二つ目は、競技大会中だけ使用を禁止されているもの、三つ目は、特定の競技においてのみ使用が禁止されているものです。

シネフリンは二つ目の薬物に指定され、少し構造を変えたメチルシネフリンは、一つ目の禁止薬物になっています。ただ、ドーピング検査の禁止薬物は毎年変更されるので、ドーピング検査を伴う競技に出場される予定の方は、最新の情報を入手することが必要です。

また、シネフリンは脂肪分解酵素のリパーゼを活性化するともいわれており、脂肪の代謝を促進すると、ダイエット効果が期待されます。そのため、サプリメントなどに含まれていることがあります。

第二章

色香で惑わす官能の香り

ハチやチョウは、花の色や香りに誘われて、幸せそうに飛びまわります。私たち人間にも、心を癒やし幸せをもたらしてくれそうな香りがあれば、いいのですが…。

あの甘い香りに含まれるのは〝官能度マックス〟成分

クチナシ(アカネ科)

この植物は「三大芳香花」の一つです。初夏に咲く花は、渡哲也さんのヒット曲「くちなしの花」に歌われる甘い香りを放ちます。「三大芳香花」のあとの二つは、ジンチョウゲとキンモクセイです。

この植物は、日本、中国、台湾、東南アジアなどを原産地とする、アカネ科の植物です。アカネ科の植物というとめずらしがられますが、コーヒーノキがこの科の仲間です。ですから、この植物の花と葉っぱは、コーヒーノキの花と葉っぱに印象がよく似ています。

学名は、「ガーデニア　ヤスミノイデス」です。「ガーデニア」は、「ガーデン」が連想されるので、庭で栽培されるという意味と思われがちですが、そうではありません。18世紀のアメリカの博物学者ガーデンの名前にちなんでいます。ヤスミノイデスは、英語名と同じように、「ジャスミンのような」の意味です。

英語名は「ケープ・ジャスミン」であり、南アフリカ共和国のケープタウンを経由してヨーロッパに伝えられたので、この名があります。ジャスミンという語は、ジャスミンのように香りを漂わすという意味を含んでいます。漢名は「梔子」です。

白色の花が6月から7月に咲き、花びらは6片に分かれているのが普通ですが、たまに5片や7片のものもあります。近年は、八重の花が多く見られます。

花言葉は「とても幸せ」です。また、香りに乗せて「喜びを運んでくる花」といわれます。多くの人に親しみを感じられている植物であり、埼玉県八潮市、静岡県湖西市、奈良県橿原市、愛知県大府市などで「市の花」とされています。沖縄県南城市では「市の花木」に選ばれています。

クチナシの主な香りの成分は「リナロール」と、ウメの花の主な香りである「酢酸ベンジル」です。

リナロールは、リナロエというカンラン科の植物に多く含まれているアルコール成分です。そのため、植物名に、アルコールを示す語尾「オール（ol）」をつけてリナロールとよばれます。2010年には、これを合成する遺伝子が京都大学の研究グループから発表されています。

酢酸ベンジルは〝ジャスミンの香り〟といわれ、「官能の香り」を放つといわれるイランイランの主な成分です。また、白梅に多く含まれる香りの成分として知られています。

酢酸ベンジルは、さわやかで心地の良い香りがすることから、日常品にも様々な用途で使われています。たとえば、香水、化粧品、石鹸や家庭の洗剤などです。ペット用のシャンプーなどにも含まれています。

2012年に、国際香粧品香料協会のまとめた報告では、ヒトに対して酢酸ベンジルの安全性を確かめた文献が、少なくとも1961年から1995年の期間で21編ありました。主にラット、マウス、モルモット、ウサギを使った酢酸ベンジルの安全性試験に関しては、それ以上の論文が報告されています。

それらの結果から、酢酸ベンジルは適量の濃度であれば安全だとされています。たとえば、122人の健常対象者（日本人）に塗り、肌のかゆみを調べたところ、1人だけがかゆみを訴えましたが、121人には異常は認められませんでした。

「三大芳香花」はそれぞれの香りが漂う季節は異なっており、直接に、香りを嗅ぎ分けることはできません。でも、その香りの主な成分は、キンモクセイではガンマデカラクトンとリナロールであり、ジンチョウゲではダフニンとリナロールであり、クチナシではリナロールと酢酸ベンジルということになります。

実《み》のおいしさだけじゃない
フェネチルアミンは恋のキューピッド

クリ（ブナ科）

この植物には、日本原産のもの以外に、中国、アメリカ、ヨーロッパを原産地とするものがあります。日本原産のものは、学名は「カスタネア　クレナタ」で、属名の「カスタネア」は、ギリシャ語のクリを意味する「カスターナ」が語源です。

この植物のスペイン語名が「カスターニャ」であり、楽器のカスタネットは昔この木からつくられたので、その名前に由来するとされます。この楽器の形がクリの実に似ているので、「カスターニャ」と、実を意味する「ナット」を合わせて「カスタネット」という名が生まれたともいわれます。

クリの実が、カスタネットが開くように、二つに割れる様子をみると、納得できる説です。「クレナタ」は、葉っぱの縁がギザギザの、のこぎりのような状態を意味します。日本原産のものは英語では、「ジャパニーズ・チェス（ツ）ナッツ」とよばれます。

クリは「マロン」とよばれることもあります。本来「マロン」は「マロニエ」の実であり、マロングラッセに使われていましたが、クリが使われるようになり、「マロン」のよび名もつきました。クリは、洋菓子の「モンブラン」の素材でもあります。

クリの果実は、防御の強い実です。「毬」と書かれるもので防御されています。これは「いが」です。「いが」で防御し、成熟すると姿を現わしますが、「鬼皮」という光沢のある硬い皮に包まれています。やっと鬼皮を取り除いても、今度は、「渋皮」で囲まれています。渋皮の成分は「タンニン」です。この渋みの成分は、渋柿の渋みの成分と同じものです。

クリの花の香りは、古くから、「精液のにおい」に似ているといわれます。精液の中には「スペルミン」や「スペルミジン」という特有の香りを発する物質が含まれています。それらの名前は英語の「スパーム（精子）」に由来しています。

「クリの花には、スペルミジンやスペルミンは含まれているのか」という疑問については調べられています。2007年、中国の北京にある北京林業大学からの報告によると、クリの花の香り成分は主に「ベンジルアルコール」「ネロール」「リナロール」「テルピネオール」などでした。ネロールは、ネロリに含まれる香り成分が「ネロール」と名づけられたものです。

ベンジルアルコールはジャスミンなどに含まれる甘い香りです。また、ネロールやリナロールは花の香りであり、テルピネオールはさわやかな香りです。スペルミン、スペルミジンは見つかりませんでした。

２０１９年に、中国の江西省にある東華理工大学が、より精度の高い方法でクリの花の香りを調べました。するとさらに20個の香り成分が見つかりました。「ピロリン」「１-ピペリジン」や「２-ピロリドン」などでした。しかし、いずれの報告でも、精液の成分であるスペルミン、スペルミジンは含まれていませんでした。そのため、多くの成分が合わさって、スペルミンやスペルミジンと似た香りを醸し出している可能性があります。

さらに、クリの花の香りには「フェネチルアミン（フェニルエチルアミン）」が見つかりました。フェネチルアミンは、私たちが普段口にする食品に多く含まれる香りです。たとえば、ココア、チョコレート、ワイン、チーズです。またキャンディ、アイスクリームや清涼飲料水などに添加されています。フェネチルアミンは、恋愛すると放出されるという特有のやや甘い香りで、感情を高揚させるといわれる物質です。そのため、フェネチルアミンは、「恋愛物質」ともいわれています。

実際に、フェネチルアミンの構造と似た「メタンフェタミン」は、私たちの感情や行動を変化させるために、覚せい剤としてきびしく制限されています。また、メタンフェタミンは、睡眠障害（ナルコレプシー）や抗うつ薬などにも使われています。

馥郁《ふくいく》たる香りを分析したら若い女性にたどり着いた！

ウメ（バラ科）

この植物は日本原産であるとの説もありますが、中国が原産地とされています。ウメの学名は「プラヌス　ムメ」です。「プラヌス」は、ウメの属するスモモ属を示し、「ムメ」は、ウメの日本での古いよび名です。ウメをアンズ属とするときには、学名は「アルメニアカ　ムメ」とされることもあります。

ウメは、日本では奈良時代より前にすでに栽培されていました。日本に伝来したときに、中国でよばれていた「マイ」や「メイ」という音が「ムメ」に転化し、日本では、「ウメ」になりました。春の訪れをいち早く告げるように花を咲かせるので、「春告草《ハルツググサ》」という別名をもちます。

英語名は「ジャパニーズ・アプリコット」、あるいは「ジャパニーズ・プラム」といわれます。アプリコットはアンズであり、プラムはスモモであり、この植物の果実の姿が、これらによく似ているからです。

古来、ウメの花と木は、多くの人々に愛され、絵に描かれ、詩歌に詠まれ、私たちの身近に息づいてきました。現存する最古の歌集といわれる『万葉集』(8世紀後半)には、約4500首の歌が収録され、その中に約160種の植物が登場します。中でもウメが118首で、ハギの約140首に次いで多く詠まれています。

現在の元号は「令和」であり、元号「令和」のゆかりの植物はウメで、『万葉集』からの出典が話題になりました。

かぐわしく豊かな香りを形容する言葉に、〝馥郁《ふくいく》〟という語句があります。これは、質の高い香りにしか似合わないものです。この言葉が最もふさわしいのが、香り高い香りを漂わせる花の中で、ウメなのです。その香りで、「ウメは、馥郁とした香りを漂わせる」のように使われます。

馥郁とした香りと表現されますが、白梅と紅梅とでは、香りが異なっています。白梅の花の香りは「酢酸ベンジル」が多く、紅梅の花の香りには「ベンズアルデヒド」が多いといわれます。酢酸ベンジルは、ジャスミンやイランイランの香りでもあります。白梅にも紅梅にも共通なのは「オイゲノール」です。

白梅と紅梅の花の香りが異なることは、香りを分析する機器で見つけられたものです。私たちが目をつむって、白梅か紅梅かの前に立ち、香りだけで、白梅か紅梅かを判別することができるでしょうか。機会があれば、挑戦してみてください。

ウメの香りは、ウメの果実の最高級品といわれる「南高梅《ナンコウバイ》」の産地、和歌山県日高郡みなべ町の梅林では、「一目百万、香り十里」と称されます。「ウメの木が100万本見渡せ、香りは10里（約40キロメートル）も飛び漂う」という意味です。

漂う距離だけでなく、香りの質で、ウメの香りはひと味違うものになっています。未熟なウメの香りは、ベンズアルデヒドが主成分となっていますが、完熟するにつれてその量が少なくなります。代わりに増えてくるのが、「甘い香り」と表現される「ガンマデカラクトン」です。

この香りが若い女性に特有のものであることが、2017年9月に、日本味と匂学会において、ロート製薬株式会社から発表されました。実験では、10代から50代の女性50人が24時間着ていた服（布）から「におい」が抽出されました。

すると、35歳以上の女性には存在しない「甘い香り」が、10代から20代の女性には、存在したのです。そこで、その香りの正体が調べられると、ガンマデカラクトンであることがわかりました。

次に、女性52人にこの香りを嗅いでもらうと、これが「女性らしい」「若々しい」といった印象を与えることがわかったのです。今後、「女性らしさ」を強調するための石鹸やシャンプーに、この香りが含まれると思われます。

花姿の妖艶さは開花だけじゃない香るチャンスも見逃せない

ゲッカビジン（サボテン科）

この植物の原産地は、メキシコから南アメリカにかけてです。ゲッカビジンは、夏の夜の10時ごろ、甘い芳香を放ちながら誇らしげに、白い大きな花をゆっくりと広げます。その風情が、「月下美人」といわれる所以《ゆえん》です。

ツボミが開きはじめると、強く甘い芳香が漂ってきます。甘い香りを辺りに漂わすゲッカビジンの開花をそばで見ていても、ツボミのときには、ほとんど香りはありません。でも、花が開くと、いつのまにか強い香りが漂ってきます。「なぜ、ツボミのときには一切香らず、花が開くと、短時間で香りが一気に漂いはじめるのか」と不思議がられます。いくつかの可能性が考えられます。

一つ目は「ツボミの中に、香りが隠されているのではないか」という可能性です。「花びらが閉じているので、香りも閉じ込められて、外へ出てこない」ということです。もしそうなら、ツボミの花びらをほどけば、中から香りが漂ってくるはずです。しかし、ツボミが開く前に、どんなに丁寧にツボミを開いても、香りは出てきません。

二つ目に、閉じたツボミの中に香りが隠されていないのなら、「ツボミが開くにつれて、香りはつくられてくる」という可能性があります。しかし、香りの成分は、何段階もの反応でつくられる複雑な構造の物質が多く、ツボミが開く短時間でつくれるようなものではありません。

三つ目は「香りになる直前の物質がツボミにつくられているが、この物質は発散しないようになっているのではないか」という可能性です。実際に、香りになる前の物質には、余分な構造がついています。

香りとして発散する物質は、ツボミの中では、香りとして発散しないように重りがぶら下がっている状態です。重りとなっている余分な構造が取れれば、香りとして漂いはじめます。ツボミが開くにつれて、重りが切り離され、香りは発散し漂っていきます。そのため、正解は、三つ目の可能性なのです。

長谷川香料株式会社が、2014年にゲッカビジンの香りに関する研究を発表しました。その中で、ゲッカビジンは、開花後3時間から4時間で、香り成分の発散量が最大となること、そして、その後は減少していくことが確認されました。開花だけでなく、香るチャンスも見逃せないのです。

香り成分としては「ゲラニオール」「サリチル酸ベンジル」「サリチル酸メチル」が多く含まれており、いずれも上品な甘い香りです。

ゲラニオールはバラの花の香りの成分として知られている物質であり、お茶の甘い香りや、サンショウの果実の香りの成分にもなっています。

サリチル酸ベンジルはユリなどに含まれている香り成分で上品な香りがします。また防虫効果もあることから、ダニを寄せつけない香り成分として実際に使われています。

サリチル酸メチルには炎症や痛みを和らげる効果があり、湿布薬として使われています。市販されている湿布薬には、いろいろな種類がありますが、ほとんどの商品に共通する「湿布薬特有の香り」を醸し出しているのが、サリチル酸メチルなのです。

夜がふけるとますます発散
優雅すぎてコントロールされてしまった香り

ユリ（ユリ科）

ユリの原産地は、スズランと同じように北半球といわれ、原種は、日本にもヨーロッパにも古くから自生しています。「ユリ」という語は、ユリ科ユリ属の植物の総称です。ユリ属の学名に使われるラテン語は「リリウム」で、その起源はギリシャ語の「白い花」を意味します。

この植物は、細い茎のわりに大きな花を咲かせるため、風を受けると揺れます。その姿が「揺すり」といわれ、それが変化して「ゆり」とよばれるようになったとされています。和名の漢字名では「百合」と書かれますが、球根が花びらのように100枚ほど重なっているように見えることから、「百合」と書かれるようになりました。

この植物と人との関わりは古く、聖書にも、「美」や「繁栄」の象徴として、ユリの花が頻繁に出てきます。中世のヨーロッパで、ルネサンスの中心となったイタリアのフィレンツェ市の紋章は、現在でもユリの花です。

またルネサンスの絵画には、聖母マリアの象徴として、ユリの花がよく描かれました。白ユリは「純白」を意味するため、キリスト教の教会や祭壇にも飾られています。

日本が原産とされる代表的なユリは、その風格から「ユリの王様」といわれるヤマユリ（山百合）です。庭や花壇で多く栽培され、切り花としても利用されるテッポウユリ（鉄砲百合）も日本原産とされるものです。そのほかに、日本にも自生していたユリの中にカノコユリ（鹿の子百合）があります。ピンク色の中に、くっきりとした赤い斑点があるカノコユリの花ことばは「上品」です。カノコユリは約150年前、ヨーロッパで大人気となりました。

そのきっかけは、江戸時代、長崎（現在の長崎県）にある出島のオランダ商館医として来日していたドイツ人医師シーボルトが、ユリの球根をヨーロッパに持ち帰り、キリストの復活祭「イースター」に用いたことといわれます。それを機に、カノコユリだけでなく、ササユリ（笹百合）やタモトユリ（袂百合）など、日本のユリはヨーロッパで大人気となり、「日本はユリの宝庫」との言葉が生まれました。1900年代の一時期には、日本からの輸出量の一番は「絹」、次いで「ユリの球根」でした。

これらの日本原産のユリを交配して、オランダで育成されたのが「カサブランカ（Casa Blanca)」です。これは、スペイン語で「白い（Blanca）家（Casa)」を意味します。このユリは、花の大きさから「ユリの王様」といわれても不思議ではないのですが、「ユリの女王」といわれます。その理由は、優雅な香りのためでしょう。それは、あまりに強く、レストランなどでは主役である料理の香りをしのぐので、嫌われることがあります。そのため、切り花の切り口から吸収させて香りを消す薬剤が開発されています。

カサブランカの香り成分は、主に「イソオイゲノール」「ベンジルアルコール」「リナロール」や「シスオシメン」などが含まれています。しかし花の香りは常に発散しているわけではありません。

2011年に当時の農業・食品産業技術総合研究機構花き研究所が、カサブランカの花の香りがいつ放出されるのかを調べました。その結果、夜になると、カサブランカの花の香りの量は多くなることがわかりました。昼間には、香りの量が少なく、夜の30〜50パーセントに減少することもわかりました。これは花の香りで寄ってくる虫の活動時間に合わせて、花が香りを発散させていると考えられています。

また、花の香りの量は、開花してからの日数によって変化します。カサブランカの花は、開花2〜3日目に、最も多くの香りを放出し、開花後5日目になると、約50パーセント程度の香りの量に減ってしまいます。そして6〜7日目とさらに減っていきます。

また、カサブランカの開花日数によって、「香りの質」も変化することがわかりました。

開花直後の香りには、リナロールやシスオシメンなどのフレッシュな香り成分が多く含まれており、徐々にイソオイゲノールの甘い香りに変化するのです。強い香りのために、レストランや結婚式場でユリの花を飾っていると、料理の香り以上に花の香りが強すぎて雰囲気が損なわれます。そこで、香りを穏やかにする研究が、同研究所で行われました。

その結果、花の中の「フェニルアラニンアンモニアリアーゼ」という物質の働きを阻害すると、香り成分の合成が阻害されることがわかりました。切り花を阻害剤の入った液に24時間浸すと、香りは、その48時間後には、10分の1程度にまで減りました。その後、1週間たっても、香り成分は、処理しない場合に比べて、10〜20パーセント程度に抑えられていました。

切り花をこの薬剤に漬ける時期は、大切でした。ツボミの状態で処理をすると効果を発揮するのですが、開花直後に処理をしても、効果がないことがわかりました。濃度についても検討しており、見た目には何の影響もない薄い濃度で、香りだけを抑えることがわかっています。この香りを抑える方法は手軽で、コストもあまりかからないので、すでに実用化されています。

新婚の夜に欠かせない〝官能を刺激する香り〟って？
イランイラン（バンレイシ科）

「官能を刺激する香り」というのがあります。これは、「イランイラン」という花の香りです。「イランイラン」というのはタガログ語で「花の中の花」という意味です。この植物の原産地は、インドネシアのモルッカ諸島で、学名は「カナンガ　オドラタ」で、大きいものでは15〜20メートルにもなる樹木です。

官能的な香りなので、現地では新婚カップルが夜を過ごす部屋にまき散らす花として知られています。その香り成分は、主なものは、「安息香酸ベンジル」や「リナロール」、「ベンジルアルコール」、「酢酸ベンジル」などです。酢酸ベンジルについては、クチナシの項（P44）で紹介しました。

2016年、中国の上海にある交通大学の研究では、イランイランの香りの中に含まれる安息香酸ベンジル、リナロールやベンジルアルコールを単独でマウスに嗅がせて、ドーパミンやセロトニンの量が計測されました。ドーパミンとは「やる気ホルモン」ともよばれ、意欲やモチベーションを高めてくれます。一方、ギャンブル依存症や危険なドラッグをしている人の脳の中ではドーパミンが異常につくられ過ぎて理性を抑えきれない状態となります。

またセロトニンとは「幸せ物質」ともよばれ「不安を取り除く」作用があります。セロトニンについてはラベンダー（P141）の項で詳しく説明します。

この研究では、三つのテストが行われました。一つ目は、自由に動きまわれるオープンフィールドテストといわれるもので、自発的な行動を検査するテストです。マウスが不安を強く感じるときには、あまり動きまわりません。

二つ目は、暗い箱と明るい箱を置いておき、どちらに長い間滞在するかを調べるものです。マウスは暗い箱を好む習性がありますが、不安が和らぎ、冒険心や好奇心が勝っていると、明るい箱のほうへ行く時間が多くなります。

三つ目は、十字テストです。屋根のついた通路と屋根のない明るい通路が十文字に組んであるため、マウスはこの装置を自由に動きまわることができます。不安が少なくなり、冒険心や好奇心が強くなると明るい屋根のついてない通路にいる時間が長くなってきます。イランイランの香りを嗅がせたときには、オープンフィールドテストでの行動範囲が広く、残り二つのテストでも不安が和らいだ行動を示しました。

そこで、イランイランの香りの中に含まれる三つの香り（安息香酸ベンジル、リナロール、ベンジルアルコール）をそれぞれの箱に置き、10分間マウスを入れます。直後にドーパミンやセロトニンの量を計測しました。

その結果、安息香酸ベンジルがセロトニンの量を増やし、またドーパミンの量を抑えることがわかりました。しかし不思議なことに、この効果はオスのマウスにだけ現れ、メスのマウスには効果がなかったのです。

前述したように、セロトニンの量が増えることで「不安を和らげる効果」が生まれます。イランイランの香りは、オスのマウスの不安感を取り除き、リラックスして行動を起こさせる可能性があります。

この研究はあくまでマウスの事例です。でも、臆病なヒトでも、イランイランの香りを嗅ぐことによってセロトニンの量が増え、それによって大胆な行動をとるような可能性が考えられます。ただし、男性だけですが。

第三章 リラックス効果をもたらす身近な香り

私たちは生活の中で、気持ちを癒やされ、良質の眠りに導かれ、スッキリとした目覚めを迎えられたら、幸せだと思います。そのような日々をもたらしてくれそうな香りとは？

そのかぐわしい香りからつけられた花名

ジンチョウゲ（ジンチョウゲ科）

この植物は、早春に上品な花を咲かせ、春の訪れを告げる香りを漂わせます。原産地は中国であり、室町時代に日本に渡来したとされています。学名は「ダフネ　オドラ」で、「ダフネ」はジンチョウゲ属を示し、「オドラ」は「よい香り」を意味します。

ダフネは、ギリシャ神話の女神の名前であり、ギリシャ語では「月桂樹」のことです。ゲッケイジュはクスノキ科の植物ですが、葉っぱの形がジンチョウゲと似ているのです。そのため、ジンチョウゲの英語名は「ウインター・ダフネ」で、日本語にすれば「冬の月桂樹」となるでしょう。月桂樹は、葉のついた枝で冠をつくり、オリンピックの勝者に贈られる由緒正しい樹です。

話は逸れましたが、ジンチョウゲは12月ごろツボミを見せ、冬の寒さをその姿で越します。少し寒さが和らいだ2月末から3月に、待ちわびたようにツボミが開花し、小さい十数個の花が球形に集まって咲きます。花びらの内側も外側も白色の花がありますが、花びらの内側が白色で外側が赤紫色の花が印象深い上品な花です。ジンチョウゲは、クチナシ、キンモクセイとともに、「三大芳香花」の一つです。

強い香りの成分は、「ダフニン」という物質です。この物質名は、ジンチョウゲ属を示す「ダフネ」にちなんでいます。その強い香りから、この植物の別名は、瑞香《ズイコウ》、千里香《センリコウ》、丁子草《チョウジソウ》などです。

瑞香という名前では、「瑞」は、「めでたい」や「喜ばしい」の意味をもち、おめでたい香りを意味します。きびしい寒さが過ぎ、春の訪れを告げる、めでたく喜ばしいということでしょう。

中国では「七里香」という別名があります。「香りを7里離れた場所まで漂わせる」という意味です。キンモクセイの項（P14）で紹介したように、中国では、1里は約400〜500メートルですから、香りが2800〜3500メートル漂うことになります。ほんとうは、そんなに遠くまで香ることもないでしょうが、早春にこの甘い香りを感じて花を探すこともあるので、風に乗ればかなり漂うのでしょう。

この植物の花の形が香辛料として有名な〝丁字〟（フトモモ科の植物）に似ています。丁字は昔から、香辛料以外にも、鬢《びん》付け油や匂い袋、消臭、防虫などに多彩に用いられてきました。そのため、ジンチョウゲは「丁子草」ともよばれるのです。

香りや花の形が似ていることから、ジンチョウゲは次に述べる「沈香《チンコウ》」とこの「丁子」

という植物から〝沈〟と〝丁〟をもらい、〝沈丁花〟と名づけられています。

ジンチョウゲの香りは、高級な線香などの香りとして名高い沈香（ジンチョウゲ科ジンコウ属の植物）に似ています。沈香は、香りだけでなく、鎮静をもたらす漢方薬として使われ、「樋屋奇応丸《ひやきおうがん》」という子どもの疳《かん》の虫の薬の成分です。

沈香の木の一部に傷がつくと、そこに樹脂が沈着します。その樹脂を加熱すると香りを放ち、その質の違いで分類されます。特に高尚な香りのする高品質の香木は、「伽羅《キャラ》」とよばれます。「沈香」と「伽羅」の香りの違いは、高精度の分析装置で解析してもわからないため、ごくごく微量な分子が違いを生んでいると考えられています。

香りの成分の源はプリメベロシド

チャ(ツバキ科)

チャの原産地は、中国です。日本には、平安時代に遣唐使によりもたらされました。チャの学名は、「カメリア　シネンシス」であり、「カメリア」はツバキ属であることを示し、ツバキをヨーロッパに紹介した宣教師、ゲオルグ・ジョセフ・カメルの名前にちなみます。「シネンシス」は「中国生まれ」を意味し、「中国生まれのツバキ属の植物」ということです。この植物が花を咲かせるのはあまり知られていませんが、ツバキ属のツバキやサザンカの花とそっくりです。

この植物の葉っぱが、緑茶の原料となります。緑茶には、カテキンやミリセチンなどポリフェノールの仲間である抗酸化物質がたっぷり含まれていることはよく知られています。特にカテキンは、緑茶の渋みの本体で、強い殺菌作用があります。そのため、古くから、朝に飲むお茶である「朝茶」を飲むのを忘れて旅に出てしまったら、気づいたときにすでに3里進んでいても7里進んでいても、「3里、戻っても飲め」や「7里行っていても、帰って飲め」といわれました。お茶の殺菌作用が、旅先の見知らぬ土地で水や食べものにあたるのを防ぐ効果が経験的に知られていたのでしょう。

緑茶には、ビタミンCやビタミンEが含まれています。抗酸化物質であるカロテンも入っているので、昔から「お茶はからだにいい」といわれてきたとおりです。近年では、お茶の成分の健康への効果が、医学的にいろいろと明らかにされてきています。

2008年には、京都大学の研究グループから「緑茶には、がんの増殖を抑制する効果がある」ことが発表されています。同じ年、岐阜大学の研究グループから「大腸ポリープの再発を予防する効果がある」という発表がなされました。

2012年、東北大学の研究グループが、お茶をよく飲む人と飲まない人で比較し、お茶には認知症を予防する効果があるとしています。2014年には、金沢大学の研究グループから「緑茶に認知症を予防する効果がある」と発表されました。

「では、どれくらいのお茶を飲めばよいのか」との疑問が浮かびます。これについては2015年5月、国立がん研究センターが、調査に基づいて目安となる答えを出してくれています。「お茶は一日5杯以上飲んでいると、健康にいい」ということになります。

ただ、発表されたデータでは、最大は5杯以上となっていて、「一日に何杯までならいい」とは書かれていませんでした。5杯以上、何杯飲むかは自己責任ということでしょう。これらのお茶の成分の医学的な効果については、既刊の拙著『植物はなぜ毒があるのか』(幻冬舎新書）に紹介しています。

「茶香服《ちゃかぶき》」というのがあります。お茶の色、味、香りで銘柄を見分けるものです。目で色を見て、口で甘みや苦み、渋みなどを味わい、鼻で香りを嗅ぐといわれます。でも「満点で当てる名人は、実際に味で見分けることはしない」そうです。

「鼻で嗅ぎ分ける」というのです。真偽のほどはわかりませんが、香りが決め手といわれるほど、お茶の香りというのは、品種によって、産地によって、独特のものなのです。

お茶の香りについては、少なくとも600種類以上の香り成分が報告されています。主に「青葉アルコール」「リナロール」「ゲラニオール」と「ピラジン」などの香り成分のバランスによって、お茶の香りは特徴づけられているのです。

「緑茶」は青葉アルコールを多く含み、この香りのおかげで、リラックスする効果があるといわれています。また「お茶に花の香りが感じられる」といわれるのは、スズランの花に多いリナロールや、バラの花に多いゲラニオールなどが含まれるためです。さっぱりした香ばしいお茶の香り成分は、ピラジンといわれます。

これらの香りをつくりだす源は、「プリメベロシド」とよばれる物質です。これ自体は香りをもっていません。茶葉が発酵したり、お湯が注がれたりすることで、この物質から、いろいろな香りの成分のもとがつくりだされるのです。それらが揮発されることで、香りとして漂ってくるのです。

２０１５年、このプリメベロシドをつくる遺伝子が見つけられたと話題になりました。静岡大学、サントリーグローバルイノベーションセンター株式会社、サントリー食品インターナショナル株式会社、山口大学、神戸大学の共同研究でした。この遺伝子は、若い新芽で活発に働いていることもわかりました。新芽を使う新茶の香りが高くなるのはそのためだったようです。

森の香りの主役〝ピネン〟が導く眠りの効果

マツ（マツ科）

遠い昔から、マツは私たちの身近にある植物です。この樹木は、森や山に育ち、庭で大切に栽培され、寺や神社では丁寧に世話されてきました。また、絵に描かれ、歌に詠まれ、「松のことは、松に習え」などの格言として言い伝えられ、私たちとともに暮らしてきました。それもそのはずで、マツの原産地は日本や中国です。

マツの仲間では、樹皮が赤っぽい茶色のアカマツ（赤松）と黒っぽいクロマツ（黒松）がよく知られています。これらは、葉っぱが2枚でセットになっているので、「ニヨウマツ（二葉松）」とよばれます。それらに対し、5枚の葉っぱが束になっているマツは、「ゴヨウマツ（五葉松）」といわれます。

英語では、アカマツは「ジャパニーズ・レッド・パイン」、クロマツは「ジャパニーズ・ブラック・パイン」といわれます。アカマツの学名は「ピヌス　デンシフローラ」で「ピヌス」はマツ属を示し、ヨーロッパで古く使われたケルト語の「山（Pin）」に由来し、「デンシフローラ」は「密に花をつける」を意味します。

また、クロマツの学名は「ピヌス　ツンベルギイ」で、「ツンベルギイ」は、この植物をヨーロッパへ紹介したスウェーデンの植物学者ツンベルクに由来します。

ゴヨウマツは、葉っぱが白く光るように見えること、あるいは材質が白いことから、英語名は「ジャパニーズ・ホワイト・パイン（日本の白松）」とよばれます。黒松、赤松に対し、白松があることになります。このマツの学名は「ピヌス　パルビフローラ」で、「パルビフローラ」は「小さい花」を意味します。

マツの英語名は「パイン」です。マツの果実である松かさ（松ぼっくり）と形が似ているところから、パイナップルの名前が冠せられています。この果物は、普通には、パイナップルとよばれますが、ほんとうはパインアップルなのです。

森には、いろいろな木の香りが漂っており、それらは、まとめて「森の香り」や「森林の香り」とよばれますが、その主役となっているのは「ピネン」という香りです。これは、マツやヒノキ類の樹木が漂わせる代表的な香りの一つです。ピネン（Pinene）という名前は、マツの英語名「パイン（Pine）」に由来し、ピネンという語句は、マツから生まれているのです。この香りは、マツ以外にも、スギ、ヒノキ、クロモジなどに多く含まれています。

ピネンは、私たち人間にリラックス効果をもたらすことや、ストレスを和らげることが知られています。「ピネンが、睡眠にも影響しているのではないか」と2018年、東京大学大学院農学生命科学研究科で調べられ、その結果が報告されています。

20代の男子大学生8人を対象として、ピネンの香りを嗅いだあと、眠りに入るまでの時間を知ることができる測定器を手首につけて、睡眠状態が調査されました。何の香りも嗅がないヒトと、安眠、鎮静やリラックス効果があるといわれているラベンダーの香りを嗅ぐヒトが比較の対象となりました。

ピネンやラベンダーの香りを嗅いだヒトの眠りに入るまでの時間は、どちらの香りも嗅がないヒトより短くなりました。ピネンやラベンダーの香りが、リラックス効果をもたらし、眠りに早くつかせたことになります。

また、ピネンの香りを嗅いだ場合には、ラベンダーの香りを嗅いだ場合よりも、この時間が短くなり、すぐに眠ることができたのです。ピネンは、ラベンダーの香りよりも、眠りにつかせる効果が強いことになります。

これらの結果は、ピネンの眠りへ導く効果が優れていることを示しているのです。

トトロは、ねぐらでリラックスしたかったのか

クスノキ（クスノキ科）

クスノキの原産地は、日本、中国、台湾などです。日本では関東地方以西に広く分布する常緑樹で、特に九州地方では多く認められます。各地の神社では、御神木となっているものが多くあります。宮崎駿監督作品の『となりのトトロ』で、トトロがねぐらにしている大木は、クスノキです。

学名は「シナモマム　カンフォラ」です。「シナモマム」はシナモン（桂皮）であり、「カンフォラ」は「樟脳《しょうのう》」を意味します。和名は、香りにちなむ「くすし（臭し）」から「くすし木」を経て「クスノキ」に転化したといわれます。

クスノキの葉っぱに含まれる強い香りの成分は「ショウノウ」であり、英語では「カンファー」とよばれます。この名前は、クスノキの英語名である「カンファー・ツリー」にちなみます。

「樟脳」という名前の由来は「樟」と「脳」に分けて説明できます。クスノキに対しては「楠」という文字が使われることもありますが、「樟」もまた、クスノキを意味する文字です。

「脳」は、香りの激しいものに使う文字といわれることもありますが、「大切な中心」を意味するものであり、樟脳は、クスノキの大切な物質という意味にちなんでいます。

この香りは、葉っぱが虫に食べられて傷がついたときに「虫を撃退する」ために出るものです。そのため、着物や洋服などの防虫剤として使われます。樟脳は、商品名にもなっています。

樟脳は、虫よけの効果だけではありません。弱った心臓の機能を回復させるための「強心剤」として医薬分野でも使われていました。樟脳が医学的に使われるときには、「カンファー」のオランダ語名やドイツ語名に由来する「カンフル」という語が使われます。

カンフルはインドや中国では、炎症、浮腫《ふしゅ》、鼻づまりを治す薬として古くから使われてきましたが、いつから使われていたのかは定かではありません。

クスノキの香り成分としては、主なものはこのカンフルが占めています。そのほかに「シネオール」や「ピネン」などが含まれています。

ピネンは、マツやクロモジ、ヒノキなどに含まれる「森の香り」や「森林の香り」とよばれるものです。その作用については、マツの項（P71）で紹介しましたが、ここでは、もう一つの最近の実験結果を紹介します。

森林浴をすると「リラックス効果」があるといわれていますが、木々が放出する香り成分の一つがピネンです。２０１６年に、千葉大学環境健康フィールド科学センターから研究成果が報告されました。

平均年齢21・5歳の13人に、90秒間、ピネンの香りを嗅いでもらい、からだへの影響が調べられました。ピネンの含まれていない空気を90秒間嗅いだときには、心拍数が１分間当たり平均74～75回でした。

一方、ピネンを含んだ空気を嗅いだ場合には、平均72～73回と低下が認められました。わずかな違いですが、ピネンの香りを嗅ぐことによって、リラックスでき心拍数が減ったと考えられます。

もう一つの主成分であるシネオールは、別名「ユーカリプトール」ともよばれ、ユーカリ油の主成分でもあり、その抗ウイルス効果は、ユーカリの項（P99）で紹介しています。

癒やしをもたらす優れものの香り だからやっぱり畳の部屋！

イグサ（イグサ科）

古くから日本にあるミツバ、ワサビ、ミョウガなど香りの高い植物に「ジャパニーズ・ハーブ」というよび名が当てられることがあります。多くの日本人にその香りが親しまれ、「ジャパニーズ・ハーブ」とよばれるのに最もふさわしい植物があります。それが、イグサです。イグサの学名は、「ジュンクス　エフスス」で、「ジュンクス」はイグサ属を示し、「エフスス」は、「バラバラの」という意味をもつといわれます。

イグサは北半球の温帯の湿地に生える植物で、わが国では、熊本県や岡山県、広島県などで多く栽培されています。その目的は、畳表《たたみおもて》やムシロ、ゴザや草履《ぞうり》、枕や帽子などをつくるのに使うことです。また、ロウソクや行灯《あんどん》、灯明などの火をつける芯に使われることから、「トウシンソウ（灯芯草、燈芯草）」という別名をもちます。

この植物は、もともと「イ」と呼ばれ、和名で最も短いものの一つです。和名が2文字のものはマツやウメ、モモなどがありますが、一文字のものは、この植物を含め3種類あります。これらは、1文字だとわかりにくいので、3種類ともに3文字でよばれます。イグサでは、1文字の名前は「イ」であり、漢字名は「藺」で、3文字では「藺草《イグサ》」となります。他の2種類の植物は「エ」と「チ」であり、それぞれの漢字名は、「荏」と「茅」で、3文字では「荏胡麻《エゴマ》」と「茅萱《チガヤ》」です。

イグサはイグサ科の植物で、この茎を用いて畳はつくられます。イグサの栽培面積は1980年代ごろには9000ヘクタールほどあったのですが、その後、大きく減少し、2017年にはその10分の1に減って900ヘクタールほどになってしまいました。

日本国内のイグサの約8割を生産するのは熊本県ですが、県内にある熊本県農業研究センターが九州大学との共同研究でそのリラックス効果を発表しました。

イグサの主な香り成分は「ヘキサナール」とよばれる草の香りが約30パーセント程度を占めています。「青畳」の香りといわれるのは、この香りが中心なのです。また、バニラの香り成分「バニリン」も微量に含まれています。もちろん産地によって香り成分や比率は異なり、ここで調査されたイグサは熊本県産のものです。

最近、多く使われている中国産イグサでは、香り成分が日本産と比較して弱いこともわかっています。このイグサの香りが、副交感神経を活性化してリラックス効果を生み出すことが、2019年の『肥後物産通信』11月号で報告されています。

また、イグサには、空気中の水分を吸収する性質があります。6畳の和室であれば、湿度の高い日には、1日で約2リットルの水を吸収します。逆に、乾燥しているときには、イグサに含まれる水分を放出します。この作用のおかげで、畳のある和室では、室内の湿度を適度な状況に保つことができます。イグサの断面を見るとスポンジのようになっていて、その中に水分をため込むことができるからです。

さらに、イグサは水分だけでなく、ほこりや微量な成分も吸着させることができます。その中の一つに、シックハウス症候群の原因ともなる「ホルムアルデヒド」という物質があります。

熊本大学工学部の測定試験によると、5グラムのイグサ、イグサ和紙、普通の和紙のホルムアルデヒドを吸着する能力を比較すると、2時間で、イグサ和紙、イグサ、普通の和紙の順に、多く吸着していました。また、イグサは、ホルムアルデヒドだけでなく、アトピーなどのアレルギーの原因となる物質も吸着することが知られています。

人はなぜ、朝一杯のコーヒーで目覚めるの？

コーヒーノキ（アカネ科）

コーヒーノキは、学名が「コフェア」で、コーヒーノキ属であり、原産地はアフリカからエチオピアの辺りだといわれています。世界でよく飲まれているコーヒー豆は、主に3種類に分けられます。「アラビア種（アラビカ種）」「ロブスタ種」「リベリカ種」です。

一つ目は、エチオピアを原産地とする「アラビア種（アラビカ種）」です。私たちがもっとも普通に口にするコーヒーは、この種類です。モカやキリマンジャロなど、それぞれに味わいは違いますが、すべてこのアラビア種のコーヒー豆が使われています。アラビア種は、世界中のコーヒー豆の約70パーセントを占めています。

二つ目は、原産地がコンゴである「ロブスタ種」が約25パーセントを占めており、ヨーロッパではよく飲まれています。「ロブスタ」というのは、英語で「強い」という意味があり、ロブスタ種のコーヒー豆は、渋みが強く、カフェイン量がアラビカ種の約2倍も含まれているのが特徴です。

三つ目が、原産地がアフリカ西海岸のリベリアである「リベリカ種」で、世界で数パーセントしか流通していません。主にアフリカでコーヒーとして飲まれていますが、高温多湿に弱いため、あまり栽培されていません。

コーヒーノキは、日本では5月から6月ごろに、ジャスミンのような甘い香りのする白い花をつけます。数日でこの花は枯れてしまい、秋には「コーヒーチェリー」とよばれる、サクランボ（チェリー）のような赤色の果実が多くできます。

「コーヒーの日」は国際的に定められており、10月1日です。これは、コーヒーの収穫や出荷が9月の末までに終わり、10月1日からコーヒーの新年度になるからといわれます。

赤く熟したコーヒーの果実は、そのまま食べられることもあります。昔、ヤギの放牧をしていた少年が、この実を食べたヤギが元気に走りまわるのを目にしていました。そこで、少年も、元気のない日にその実を食べて、元気を回復したといわれます。私たちが飲むコーヒーは、この果実の種子を煎《い》ったものです。この中には「カフェイン」が入っており、これにより、緊張や興奮をもたらす交感神経が刺激されることが広く知られています。

そのため、カフェインにより、元気を回復させる効果や、目を覚まさせる覚醒効果、満腹感をもたらす効果が生じます。これについては、既刊の拙著『植物はなぜ毒があるのか』で紹介しています。

近年、コーヒーに多く含まれるクロロゲン酸が、シミやソバカスを防ぐことがわかってきています。それだけでなく、この物質は、肌の水分の保持を促します。肌の若さは、水分が多く保持されることで守られますから、クロロゲン酸は肌の美容効果が高いといわれます。そのため、一日に、3〜4杯のコーヒーを飲む人の肌の年齢は、実年齢よりも若くなる傾向が知られています。

コーヒーの香りには、約800種類以上の成分が溶け込んでいるといわれます。その中でもコーヒーの香りを醸し出している主なものは「ジヒドロベンゾフラン」という成分です。多くの人が、朝にコーヒーを飲むと気持ちがシャキッとします。これはコーヒーに含まれているカフェインの作用にもよりますが、ジヒドロベンゾフランが脳の中のセロトニンとよばれる物質に似た働きをするためとも考えられています。

セロトニンは、一般的には「幸せ物質」ともよばれることをイランイランの項（P60）で紹介しました。セロトニンが「楽しい」「充実している」などポジティブな感情を生み出すからです。

医薬分野では、このセロトニンの効果を利用して「不安症状」「うつ症状」を抑える、また「てんかん」などの薬にも使われています。「レクサプロ（主成分：エスシタロプラムシュウ酸塩）」や「サインバルタ（主成分：デュロキセチン塩酸塩）」などが、その薬の名前です。

幸せ物質であるセロトニンは「睡眠」とも深く関わっています。セロトニンは一日のうちで、その量が変化することが知られています。セロトニンは、日中の活動しているときには多く分泌されています。

夜になると、その量は徐々に少なくなり、「メラトニン」という眠りを誘う物質に変化します。また、明け方になると、脳内のセロトニン量が増えはじめます。すると、私たちは気持ちのいい「目覚め」を感じることができるのです。

睡眠障害では、このセロトニン量の変化がずれていたり、変化が乏しくなったりすることが原因として挙げられています。コーヒーに「目覚め効果」があるのは、カフェインの「味覚」と、ジヒドロベンゾフランによる「嗅覚」の刺激によるということです。

コーヒーの香りは、私たちの身近で役立っています。錠剤や栄養ドリンクとしてよく知られている「アリナミン」という商品があります。これが生まれる過程では、コーヒーの香りが使われました。

アリナミンの成分は「フルスルチアミン」という物質で、これは、ニンニクの成分であるアリシンがビタミンB1と結びついてつくられたものです。ビタミンB1は、別名で「チアミン」とよばれます。そのため、アリシンとチアミンの結合した物質を、「アリ」と「チアミン」をくっつけて、「アリチアミン」と名づけられました。

ビタミンB1は、食べものとして摂取したブドウ糖からエネルギーが発生する過程に働き、エネルギーの発生を促進します。ということは、主食として食べたデンプンからエネルギーを取り出すときに必須な物質が、ビタミンB1ということです。ですから、ビタミンB1が不足すると、からだのエネルギーが不足し、元気がなくなります。逆に、ビタミンB1の吸収を促せば、疲れたからだが元気になるのです。

アリチアミンは、からだによく吸収され、からだの中でビタミンB1の働きをする物質です。また、アリチアミンは肝臓に貯蔵されるため、ビタミンB1が不足する場合には、ビタミンB1として働きます。そのため、アリチアミンを錠剤やサプリとして摂取すれば、ビタミンB1の不足は補われるはずです。しかし、この物質には、ニンニクの香りのもとであるアリシンが含まれており、香りが強くて飲みづらいので、多くの人に好まれませんでした。

ヨーロッパでは古くから、ニンニクの香りを消すのにコーヒーを使っていました。そこで、それにヒントを得て、コーヒーのフルフリルメルカプタンという香りの成分を利用して改良され、ニンニクの香りを消したフルスルチアミンが完成しました。そのため、現在のアリナミンには、ニンニクの香りはありません。

モチグサ特有の香りが生理痛や膝痛を和らげる

ヨモギ（キク科）

ヨモギの原産地は中央アジアの乾燥地帯だと考えられますが、この植物は、古くから日本全国に分布しています。春には、若葉を草団子やよもぎ餅の材料にすることもあるため、別名「モチグサ」ともよばれます。また、夏のヨモギの葉の裏にある繊毛は、灸《やいと》のもぐさ（艾）として使われています。

ヨモギの学名は「アルテミシア　インディカ」で、「アルテミシア」は、ヨモギ属であることを示し、ギリシャ神話に登場する、女性の健康を守る女神である「アルテミス」に由来します。「インディカ」は、原産地のインドを示します。ヨモギの学名として「アルテミシア　プリンセプス」が用いられることがありますが、「プリンセプス」は、「貴公子のような」を意味します。

ヨモギは、生理痛や不妊に効果があるとされます。また、中国の最古の薬物書『神農本草経《しんのうほんぞうきょう》』では、ヨモギが解熱薬、止血薬、そして殺虫薬として使われると記されています。

2015年のノーベル医学・生理学賞では「ヨモギ」から抽出された成分が評価され

ました。中国の屠呦呦《トゥユウユウ》氏は、ベトナム戦争でマラリアに感染した多数の患者を救うために、マラリアの薬を探す仕事をしていました。彼女は、中国の古くからの伝統的な医学書や漢方薬の事典などを調べた結果、その中に「青蒿《セイコウ》」という生薬が多く出てくることを見つけました。「蒿」とは「ヨモギ」のことで、青蒿とは「クソニンジン（黄花蒿）」とよばれるヨモギの仲間から抽出された生薬のことです。これをヒントに研究を重ねた結果、１９７２年に、クソニンジンの葉からマラリアに効果をもつ成分「アルテミシニン」を発見しました。彼女はこの業績で、ノーベル賞を受賞しました。

ヨモギの葉っぱを揉《も》むと、特有の香りが出てきます。その香りは、ヨモギ茶、ヨモギ湯などとして、利用されています。ヨモギの香りには「シネオール」「ツヨン」「カリオフィレン」「ボルネオール」「カンファー」などが含まれています。

ヨモギの葉には、「生理痛」を和らげる効果があり、これにはカリオフィレンが関わっていると考えられます。なぜならカリオフィレンは、からだの中に入ると、脳内の「痛みを感じる箇所」を塞ぐことで痛みを和らげ、痛みからくるストレスを緩和する働きがあるからです。

ヨモギの仲間に、ニガヨモギという植物があります。これとヨモギの鎮痛効果を、膝関節痛で調べた研究があります。ニガヨモギの軟膏と、ヨモギの湿布薬の効果を、膝の痛みを抑える鎮痛薬と比較したものです。ニガヨモギは古くから「苦艾《クガイ》」という漢方名で解熱、鎮痛などの用途に服用されてきました。

エックス線で膝の状態を観察し、似たような状態の患者さんを三つのグループに分けました。ニガヨモギ軟膏を塗ったグループ、ヨモギの湿布薬を塗ったグループ、市販の鎮痛薬のグループです。

一日に3回、それぞれの治療を行ってもらい、5週間目に再度受診して、効果が評価されました。その結果、全部のグループの患者さんの「痛み」が和らぎました。特に、ニガヨモギの軟膏を塗っていたグループは、総合点で、鎮痛薬と同じ程度の効果を示しました。

蜜入りのカラクリから学ぶ香りの作用

リンゴ(バラ科)

リンゴの実の香りは、主にエステル類とアルコール類です。リンゴの品種によっても、成熟度によっても、成分の比率は大きく変わってきます。

「エステル」とは、酸とアルコールが反応して結合したものです。リンゴの香りとなるエステル類は、リンゴに含まれるアルコール類に「ある酵素」が働くことでつくられます。この酵素は「アルコールアシルトランスフェラーゼ」とよばれます。

この酵素の働きが強いリンゴの品種では、エステル類が多くつくられ、甘い香りが強くなります。逆に、この酵素の働きが弱い品種では、アルコールのさわやかな香りが強いリンゴとなります。

この酵素の働きは「エチレン」という物質によって促されます。このことは、「王林」のようなエチレンの放出量の多い品種と、少ない品種「ふじ」を比較して、実証されています。

また「王林」では、エチレンが多く出るために、この酵素が活発に働き、多くのエステル類がつくられ、甘い香りが発散します。「王林」の場合、市販されているものには、甘い香りが強いイメージがあります。ところが、収穫した直後の「王林」は、さわやかな香りでシャキッとした、とてもあっさりした歯ざわりのリンゴなのです。これは、輸送している間にエチレンが放出され、アルコールアシルトランスフェラーゼが働くため、多くのエステル類がつくられ、甘い香りの「王林」が店頭に並んでいるのです。

また、エステルのつくられる量は、リンゴが栽培される環境や、収穫したあとに置かれる条件によって変わってきます。たとえば、リンゴに袋をかけるか、かけないか、無農薬で栽培されているか、農薬が使用されているか、などです。

「蜜入りリンゴ」と聞くと、蜜の部分が甘いリンゴという印象がありますが、蜜の部分だけを食べても、ほかの部分の甘さと変わらないか、むしろ甘くないのです。蜜としてたまっているのは、ソルビトールとよばれる糖です。この糖は、砂糖の甘さのおよそ半分程度の甘さしかありません。

では、香りで、蜜の入ったリンゴと入っていないリンゴを区別することはできるのでしょうか。両者を比較した研究の結果が、2016年に国立研究開発法人農業・食品産業技術総合研究機構中央農業総合研究センターから発表されました。

リンゴの品種には蜜ができやすい「ふじ」と「こうとく（登録商標 こみつ）」が使われ

ました。その結果、蜜入りリンゴには、蜜の入っていないリンゴと比べて、「エチルエステル」とよばれる甘いフルーティな香りがより多く含まれていました。蜜の入ったリンゴと入っていないリンゴは、香りで区別できるのです。

エチルエステルは、ワインやブドウにも含まれています。また、冷温貯蔵されたリンゴでもこの香りが強くなってきます。冷温貯蔵とは、リンゴを収穫してから、温度と酸素濃度を低くすることでリンゴの鮮度を保つ方法です。

簡単にいえば、リンゴを「酸欠状態」にすることで長期保存を可能にするのです。蜜入りリンゴからエチルエステルがより多く放出された理由として、蜜入りリンゴの蜜の入った箇所では、蜜のために、細胞が酸欠状態に陥っていると考えられます。

蜜が、細胞の呼吸を邪魔しているのです。そのため酸欠状態で発酵が進み、冷温貯蔵したリンゴと同じように、エチルエステルのフルーティな香りを醸し出すのです。

リラックスしたいときに飲む香りをさぐってみると…

ジャスミン（モクセイ科）

ジャスミンとよばれる植物は数百種以上ありますが、この名前の植物は存在しません。これは、モクセイ科ジャスミナム属（ソケイ属）の植物の総称なのです。日本では、マツリカ（茉莉花）とハゴロモジャスミン（羽衣ジャスミン）がよく知られています。

マツリカの原産地は、アラビア、インド、中国辺りとされ、英語名は、「アラビアン・ジャスミン」です。学名は「ヤスミヌム　サンバック」で、「ヤスミヌム」はジャスミナム属（ソケイ属）を示し、アラビア語の「ヤスミン（マツリカ）」の名前に由来します。「サンバック」は原産地のタガログ語では「永遠の愛を誓う」を意味するといわれ、この植物を国花とするフィリピンでは「サンパギータ」とよばれています。フィリピンは、この植物の原産地の一つです。マツリカの花は、夜に開花する純白の花で、強い香りを放ちます。花の香りは「リナロール」という成分が中心で、ジャスミンティーに使われます。

ハゴロモジャスミンの原産地は中国で、学名は「ヤスミヌム　ポリアンスム」です。「ポリアンスム」は、「多くの（ポリ）花（アンスム）」を意味します。そのとおりに多くの花が咲きます。これはツル性の植物で、私たちの身近な住宅地のフェンスなどに絡ませて栽培されます。赤紫色のツボミから咲く花は強い芳香を漂わせ、内側は白色ですが、外側は薄いピンクです。そのため、英語名は「ピンク・ジャスミン」です。

〝ジャスミンの香り〟といわれるのは「酢酸ベンジル」と、「リナロール」、「ベンジルアルコール」などです。酢酸ベンジルは、クチナシやウメ、イランイランにも多く含まれており、それらの作用については、クチナシの項（P44）で紹介しています。ベンジルアルコールは、クリやイランイランにも含まれる香りです。

ジャスミンとよく似た、たいへんいい香りを放つ植物に、カロライナジャスミンやマダガスカルジャスミンがあります。香りがよく似ているので、同じ「ジャスミン」という名前がついています。しかし、ジャスミンはモクセイ科に属し、カロライナジャスミンはマチン科（ゲルセミウム科）の植物ですから、植物学的には、二つの植物に類縁関係はありません。

カロライナジャスミンは北アメリカのカロライナ地方に産するので、「カロライナジャスミン」や、「カロラインジャスミン」とよばれます。学名は「ゲルセミウム　センパービレンス」で、「ゲルセミウム」は、イタリア語で「ジャスミン」を意味する「ゲルソミノ」にちなみます。

英語名は「フォルス・ジャスミン」で、「フォルス（False）」は「偽りの」や「にせの」を意味するので、ほんとうのジャスミンではないという名前です。

ツル性の植物ですから、栽培には支柱を立てることが必要です。4月から6月ごろにかけて、黄色の花を咲かせます。有毒な物質であるゲルセミンを含んでおり、お茶として飲んではいけません。めまいや、呼吸が低下するという中毒症状が表れます。２００６年には群馬県で、この花をお茶にして飲んだために、中毒事件がおこっています。花の形がトランペットに見立てられ、「トランペット・フラワー」(チョウセンアサガオにも使われる）のよび名もあります。

マダガスカルジャスミンは、キョウチクトウ科（以前はガガイモ科）のツル性の植物で、その原産地はマダガスカルです。そのため、英語名は「マダガスカル・ジャスミン」です。学名は「ステファノティス　フロリブンダ」で、「ステファノティス」はシタキソウ属であることを示し、「フロリブンダ」は「多くの花を咲かせる」を意味し、そのとおりに、多くの純白の花を咲かせます。こちらも毒性があります。

第四章

ウイルスや細菌を撃退する香り

植物たちにとって、病害虫は悩みのタネです。私たちも、インフルエンザやコロナなどのウイルスや、細菌に悩まされます。それらを退治してくれることが期待される香りとは？

インフルエンザの予防効果にも注目！

クロモジ（クスノキ科）

クロモジの原産地は、日本を含む東アジアです。学名は「リンデラ　ウンベラータ」です。「リンデラ」は、クロモジ属を示し、スウェーデンの植物学者であるジョナン　リンダーの名前に由来します。「ウンベラータ」は、この植物の花のつき方である「散形花序」という言葉にちなみます。クロモジの英語名は、日本原産ですから、「クロモジ（Kuro-moji）」といわれたり、爪楊枝《つまようじ》に使われるので、「トゥース・ピック」といわれたりします。「トゥース」は歯であり、「ピック」はつまみ取るという意味です。

クロモジの枝は、「高級爪楊枝」として使われています。香りのよさに加えて、殺菌効果があるためです。クロモジは、日本全国の山々に自生しており、爪楊枝以外にも人々の生活に用いられています。

島根県隠岐諸島の中ノ島では、クロモジの枝や葉っぱをお茶として飲む習慣があり、「福が来る」を意味する「福来茶《ふくぎちゃ》」とよばれています。また東北地方では、マタギが雪深い山中を歩くときに「かんじき」を履くのですが、この履物にも、クロモジの枝が使われていました。この地方でも、余ったクロモジの枝をお茶として飲んでいたといわれています。

2018年に、「クロモジエキスに、インフルエンザを予防する効果がある」と報告されました。愛媛大学医学部附属病院抗加齢・予防医療センターと養命酒製造株式会社との共同研究でした。

134人の看護師を対象者として、2グループに分けました。クロモジエキスを「配合している飴」と、比較のためにクロモジエキスの「配合していない飴」を一日3回なめてもらい12週間後インフルエンザ感染者数について調べたものです。

その結果、「クロモジエキスを配合した飴」をなめていたグループでは、インフルエンザに罹患したのは2人でした。一方、「クロモジエキスを配合していない飴」をなめていたグループでは、9人がインフルエンザに感染していました。

これまでクロモジエキスには、ウイルスを不活性化する作用と、ウイルスの増殖を抑える作用が報告されていました。この結果は、クロモジエキスには、実際に、人に対する抗ウイルス作用があることを証明したものです。

2019年9月、信州大学農学部より、信州大学学術研究院（農学系）と養命酒製造株式会社との共同研究で、「和製ハーブ『クロモジ』エキスの、インフルエンザウイルス増殖抑制効果は、長時間持続する可能性があることを解明」と発表されました。

それによると、クロモジエキスがあると、ウイルス感染が約半分程度に抑えられたとのことでした。また、クロモジエキスを添加した細胞からクロモジエキスを除いても、インフルエンザを防御する効果を保っていたのです。実際には、クロモジエキスを除いて、12時間後、また、24時間後にインフルエンザウイルスを感染させました。すでにクロモジエキスは含まれていないのですが、やはりウイルスの増殖が抑えられました。

インフルエンザウイルスの増殖は、クロモジエキスを添加していない場合のウイルス数を100パーセントとすると、12時間後では約40パーセント程度に減少しました。24時間後では約75パーセント程度でした。つまり、クロモジエキスが一度、細胞に作用すると、その効果は、長時間持続するということになります。

2020年、養命酒製造株式会社からクロモジエキスを配合した「クロモジのど飴」が発売されています。この飴は、インフルエンザの感染に対する予防効果が期待されているのです。

クロモジの花は、上品な甘い香りがします。主な成分は、キンモクセイやクチナシ、スズランなどの花に含まれる「リナロール」や、ユーカリの香りに多く含まれる「シネオール」などです。

コアラの好物は、ウイルスだけじゃなく〝金〟にも強い？

ユーカリ（フトモモ科）

この植物の原産地は、オーストラリアです。ユーカリとよばれる植物には、600～800種があるといわれ、学名では「ユーカリプタス（ユーカリプツヌ）グロブルス」や「ユーカリプタス　ラディアータ」、「ユーカリプタス　グニー」などが知られています。代表的な種類である「ユーカリプタス」の「ユーカリプタス」は、ユーカリ属を示し、「強い蓋」を意味します。「グロブルス」は、ガク（萼）がツボミを被う姿や、大地を緑で覆いつくすことに由来するなどといわれます。

この樹木は大きく成長し、根は大量の水を吸い上げる力をもち、地中深くにまで伸びることが知られています。数年前には、地下数十メートルの深さにある金鉱脈から金を吸収して地上へ送り、葉に蓄積していたことがわかり、「金鉱脈を発見する植物」として話題になりました。

ユーカリが日本に来たのは、1877年ごろとされます。英語名は「サザンブルーガム」です。近年は、オーストラリアから来た人気者の動物であるコアラの食べものになる植物として、よく知られています。

オーストラリアの先住民であるアボリジニは、殺菌効果や抗炎症効果、鎮痛作用があるため、ユーカリを古くから薬草として、傷を癒やすために利用していたといわれます。ユーカリの香りの主な成分は「シネオール」で、これは、別名「ユーカリプトール」ともよばれます。この香りは、虫よけに使われることがあります。

クロモジの項（P96）で、シネオールを含んだクロモジエキスが抗ウイルス効果を示すことを紹介しましたが、ユーカリプトールを含むと考えられる「ユーカリエキス」にも、抗ウイルス効果が報告されています。

2009年、富山大学医学部看護学科の研究で、ユーカリ（ユーカリプタス　ラディアータ）からの香りを含む成分をウイルスに感染した細胞に直接与えると、ウイルスの量が約90パーセント、あるいは、それ以上の減少をもたらしたと報告されています。

同時に、似たような性能をもつニアウリ、ローズウッド、ティートリー、そしてラベンダーの香りを含む成分とも比較したのですが、ウイルス増殖を抑える効果があったのは、ユーカリだけでした。そこで次に、マウスに香りだけを嗅がせた場合にも抗ウイルス効果があるのかが確かめられました。

マウスにインフルエンザウイルスを感染させる7日前に、予防として、ユーカリの香りを嗅がせます。ウイルスに感染したあとに、香りをまったく吸入しなかったマウスと、感染後に香りを吸入したマウスの2種類のマウスと比較しました。その結果、感染前にユーカリを嗅がせたマウスは、より生存率が高かったのです。

オーストラリアの世界遺産として有名な「ブルーマウンテンズ」は、90種以上の多彩なユーカリからなる森です。ユーカリから発せられる揮発成分が大気中にあふれ、光を屈折させ、比較的波長の短い青い（ブルー）光が反射するために青っぽく見えるといわれます。

毎年のように、オーストラリアでは、自然火災がおこっています。２０１９年にも大規模な山火事が発生し、多くのコアラやカンガルーが命を失いました。この山火事と、ユーカリは無関係ではありません。

ユーカリの香り成分には、引火する性質があるのです。そのため、落雷などで一度発火した場合、ユーカリの香り成分が多く漂っている森や山では、火が一気に燃え広がってしまう危険性があるのです。

「ブルーマウンテンズ」と聞くと、高級コーヒー豆が思い出されるかもしれません。しかし、コーヒー豆で有名な「ブルーマウンテン」は、中央アメリカとカリブ海にあるジャマイカのブルーマウンテン山脈で栽培されるコーヒー豆のブランド名です。

それに対し、オーストラリアの国立公園にあるユーカリの森は「ブルーマウンテンズ」

であり、一文字だけの違いですが、「ブルーマウンテン」とはまったく別のもので、何の関係もありません。ここでは、〝神秘的な青いかすみ〟といわれるユーカリの森が約4000平方キロメートルにもわたり広がっています。

蚊に刺されやすい人は必見、いや必嗅

ライラック（モクセイ科）

この植物の原産地は、ヨーロッパのバルカン半島といわれます。学名は「シリンガ ブルガリス」で、シリンガはハシドイ属を示しますが、ギリシャ語の笛やパイプを意味する「シュリンクス」に由来しています。羊飼いが用いた笛は、この木の枝からつくられたといわれます。「ブルガリス」は「普通の」や「通常の」を意味する語です。

英語名は「ライラック」であり、フランス名は「リラ」で知られています。明治時代に日本に伝来し、「ムラサキハシドイ」ともよばれ、漢字では「紫丁香花」と書きます。ハシドイは、ライラックと同じモクセイ科の植物で、花の色は白色です。

ライラックは、比較的寒さに強いため、北海道や本州の北のほうでも5月ごろになるときれいな花が開花します。北海道札幌市では、ライラックが「市の木」に制定されており、毎年5月には「さっぽろライラックまつり」が開催されています。

ライラックの香りには「ピネン」「オシメン」「メチルベンジルエーテル」「ヒドロキノンジメチルエーテル」「シス-3-ヘキセノール」「ベンズアルデヒド」などが含まれています。

その中でも「ライラックアルデヒド」が特徴的な香りです。

この香りと「蚊《カ》」の関係が知られています。蚊は人の血を吸いに来ますが、これは、産卵するメスに限られており、普段、蚊は花の蜜などを吸って、栄養をとっています。

この蚊がライラックアルデヒドを嫌うことが、2020年、ワシントン大学生物学教室の研究でわかりました。

ランには、ラン特有の香り成分といわれる「ノナナール」と「ライラックアルデヒド」が、ランの種類ごとにいろいろな割合で含まれています。

蚊がどのようなランの蜜を吸うかが調べられました。すると、蚊はノナナールの多く含まれるランの蜜を好んで吸いに行く一方で、ライラックアルデヒドが多く含まれるランの蜜は嫌うことがわかったのです。

また、2015年の国立科学博物館の研究では、ユキノシタ科の「チャルメルソウ」という植物を使って、このライラックアルデヒドの香りが植物の受粉を介在する虫を決めている可能性が示されています。

シソの抗菌効果は、塩が加わると驚くほど強くなる

シソ（シソ科）

シソは中国を原産地とする植物です。日本では、縄文時代の遺跡から果実が出土していますが、栽培されたのは平安時代からといわれます。「命を蘇らせる紫の草」といわれ、漢字では、その意味を込めて、「紫蘇」と書かれます。

この名前は「カニによる食中毒で死にかけていた若者が、この植物の葉っぱを煎じて飲んだところ、たちまち元気になって命を蘇らせた」という、中国の古い言い伝えに由来するといわれます。「紫」は、このときに「赤シソ」を用いたためとされます。

シソには、葉っぱが紫色（赤色）の「赤シソ」と、葉っぱが緑色（青色）の「青シソ」があり、赤シソが原種とされ、アントシアニンという赤色の色素が含まれています。

葉っぱには、さわやかな香りがあり、「和製ハーブ」といわれることもあります。香りには「リモネン」や「ピネン」という成分が含まれていますが、「ペリラ（ル）アルデヒド」が香りの中心です。学名は「ペリラ　フルテスケンス」です。「ペリラ」は、属名であり、英語名でもあります。「フルテスケンス」は、「背丈が低い木のような」を意味する語です。

ペリラ（ル）アルデヒドには、抗菌作用が強く、細菌の増殖を抑える作用があります。そのため、食べものが腐るのを抑えます。「大葉」とよばれる青シソの緑の葉っぱが刺身などに添えられるのは、彩りがよくなるだけでなく、この効果が期待されてのものです。香りの抗菌作用で、生の魚が傷むのを防ぐことができるのです。

ナメクジをこの葉の上に乗せたり、この香りをカブトムシに近づけたりすると、急いで逃げるといわれます。またアメリカでは、シソの葉を食べたヤギが呼吸困難を引きおこしたとの報告があります。ただ、だからといって、この植物の葉が虫に食べられないということではありません。ハスモンヨトウなどの幼虫は、この葉を好んで食べるようです。「蓼食う虫も好き好き」ということでしょう。

顕微鏡でシソの葉を見ると、葉っぱの表面に小さいカプセルのような「油胞」とよばれる袋があります。この袋の中にシソの香りが詰まっているのです。

そのため、シソの葉の表面を軽くこすっただけでも、その袋が破れて香りが漂ってきます。香りを強く放つニンニクやショウガなどは、こすっただけでは香りはせず、刻んだり、すりおろしたりしなければ、香りは出てきません。これらの香りは、刻んだり、すりおろしたりする前に、つくられているのではないからです。ニンニクの項（P１２２）で、つくられ方は紹介します。

1981年に、千葉大学生物活性研究所が実験を行い、シソの抗菌効果は、塩が加わると驚くほど強くなることを示しました。

カビなどの細菌は、栄養物を入れた容器では、容易に増殖します。しかし、その栄養に食塩を添加していた場合には、細菌の増殖は少し阻害されます。また、シソの成分を栄養に添加した場合でも、増殖が少し抑えられます。ところが食塩とシソの成分の両方を加えると、細菌の増殖は、食塩で阻害された程度と、シソで阻害された程度を加えたよりも、著しく阻害されます。このような効果は「相乗的効果」とよばれます。

いろいろな種類の細菌でこの実験がなされましたが、すべて同じような傾向の結果が得られました。つまり、シソの成分と塩の両方を入れると、抗菌作用が相乗的に強まるのです。梅干しをつくるときには、シソの葉と塩を混ぜ合わせて梅を漬けます。梅干しは、シソと塩の相乗的な抗菌作用を巧みに利用しているということです。

シソの仲間に、エゴマという植物があります。これはゴマの仲間のように思われがちですが、ゴマ科ではなくシソ科の植物です。エゴマは東南アジアが原産地ですが、シソとの類縁関係が近く、学名はシソと同じ「ペリラ フルテスケンス」です。この植物の種子を圧搾してとれる油が「エゴマ油」です。エゴマ油は「シソ油」ともよばれ、私たちには必須脂肪酸といわれる「リノレン酸」を多く含んでいるため、健康によいのです。

昔の人も嗅ぎ分けて暮らしに生かした青竹の香り

タケ（イネ科）

タケはイネ科で、日本には約600種、世界には約1200種あるといわれますが、「タケ」という名の植物はありません。タケは、タケ類とササ類に属する植物の総称なのです。タケ類とササ類の区別は、明瞭ではありません。普通には、「タケはタケノコからタケになるときに、皮をすべて脱ぎ捨てるが、ササはいつまでも皮をつけている」といわれます。

日本には、マダケ（真竹）とモウソウチク（孟宗竹）が代表的なタケの仲間として育っています。マダケは中国を原産地とするともいわれますが、古くから日本に生えているので、日本も原産地といわれることもあります。

マダケは、学名が「フィロスタキス　バンブーソイデス」です。「フィロスタキス」はマダケ属を示しますが、ギリシャ語で、「葉」を意味する「フィロン」と、「穂」を表す「スタキス」にちなみます。

マダケは「苦竹」とも書かれることがあるように、タケノコには苦みがあり、エグみも強いのです。そのため、私たちが好んで食べる「春の味覚の王者」といわれるのは、モウソウチクのタケノコです。

モウソウチクは、江戸時代に中国から琉球王国を経由して薩摩藩（現在の鹿児島県）に渡来したといわれ、現在では、普通に栽培されているタケです。学名は「フィロスタキスヘテロシクラ」であり、「ヘテロシクラ」は、「いろいろに輪生した」という意味です。

タケには「青竹の香り」といわれる、さわやかな香りがあります。この香りは「青葉アルコール」と、「青葉アルデヒド」といわれます。

青葉アルコールの主な成分は、「ヘキサノール」で、主に、草を刈り取ったばかりの香りと表現される「3-ヘキサノール」と、甘い緑の香りと表現される「2-ヘキサノール」があります。

青葉アルデヒドの主な成分は、「ヘキサナール」で、これは「ダイズの青臭さ」の香りとされ、好まれることもあります。ところが、この香りが強くなると、「カメムシのにおい」といわれます。

これらの香りは、タケにとっては、自分のからだをカビや病原菌から遠ざけたり退治したりするためのものです。タケに限らず、植物の葉や幹から放出される香りは、「フィトンチッド」とよばれます。「フィトン」とは「植物」という意味で、「チッド」は「殺すもの」という意味のロシア語です。

タケが新鮮なときには「青竹の香り」とよばれるフィトンチッドですが、タケには、新鮮さがなくなったときにも「竹の皮の香り」があります。この香りも、フィトンチッドとして、私たちの暮らしの中で大いに役立ちます。

旧ソビエト連邦のレニングラード大学のトーキン博士が、「植物は、からだからカビや細菌を殺すいろいろな物質を出し、自分のからだを守っている」という考えを提唱したのは、1930年でした。しかし、私たちはそれよりずっと古くから、香りの力を暮らしの中で利用してきています。

その代表が、タケやササの葉っぱです。タケやササの葉っぱは、チマキや笹団子、鱒《ます》寿司を包むのに使われます。昔は肉やおにぎりなどを包むのに、タケの皮が利用されていました。近年は少なくなりましたが、鯖《さば》寿司を包むのには、今でもタケの皮が使われます。これは、自然の素材で包むことにより、鯖寿司に高級感をもたせる効果があることも一因です。

それだけではありません。サバは傷みやすいのです。そのため、昔から、漁で陸揚げされて並んでいるサバが何匹かを数えるときには、時間をかけずに、パッパッパッパと数えてきました。その結果、数はいい加減になります。だから、いい加減な数をいうときには「鯖を読む」という表現が使われるのです。そんな傷みやすいサバが腐るのを遅らせるために、タケの皮が使われているのです。

タケの皮をじっくり眺める機会は少ないですが、一本の鯖寿司を食べる機会があればぜひ、食べたあとに、包んでいたタケの皮をじっくりと眺めてみてください。先日、私が見たのは、幅約22センチメートル、長さ67センチメートルもある、立派なものでした。

主に、マダケのタケノコがタケになるときに脱ぎ捨てられた皮が、包装用に使われています。乾燥しているからか、竹の皮には、私たちの嗅覚に感じられるほど強い香りはありませんが、虫や病原菌には、その香りは十分に感じられるものなのでしょう。

〝カツラキャラメル〟の商品化できる？

カツラ（カツラ科）

この植物の学名は、「セルシディフィルム　ヤポニクム」で日本原産とされますが、中国と日本の温帯に広く分布します。「セルシディフィルム」はカツラ属を示し、カツラによく似ているハナズオウ（セルシィス）という植物の葉っぱ（フィルム）に、形が似ていることに由来します。「ヤポニクム」は、日本原産であることを示します。

きれいなハート形の葉っぱが印象的な植物です。カツラの葉の甘い香りについては古くから知られており、この成分は「マルトール」という物質によるものであることが明らかになっています。

この物質は「キャラメルのような香り」と表現されます。マルトールはキャラメルの成分ですから、キャラメルのような香りがするのは当たり前で、「キャラメルの香り」というほうが正しい表現です。

この香りは、緑の葉っぱからはほとんど香ってきません。また、晴天が続いていると、落ち葉はカラカラに乾いて水気を含んでいません。そのため、落ち葉からも香りはあまりしません。ところが雨が降ると、たっぷり水を吸った落ち葉から、キャラメルの香りがかすかに漂ってきます。

マルトールは特に毒性もないことから、スイーツなど食品に添加することが認められています。しかし添加したマルトールだけでなく、私たちは冬場によく天然のマルトールをありがたくいただいています。

1995年に、アメリカのジョージア大学の研究グループが、焼き芋から香る「甘い香り成分」の正体を突きとめました。これこそ「マルトール」だったのです。焼き芋の中のデンプンが、温度を加えることにより、麦芽糖へと変化します。この段階では、まだマルトールはできていないため、甘い香りは発生しません。焼き芋に含まれるアミノ酸と麦芽糖が結びつくことで、はじめてマルトールはつくりだされていたのです。

結核菌に強いヒノキチオールの含有量が多いのはどっち？

ヒノキ＆ヒバ（ヒノキ科）

「松柏《しょうはく》の香り」という言葉があります。「松柏」の松はマツのことであり、柏はヒノキ類を指します。ですから、松柏の香りというのはマツやヒノキ類の香りであり、その代表は、「マツ」の項（P71）で紹介した「ピネン」です。

ヒノキは、日本の主に関東以西に広く分布し、古くから最高の木材として使われてきました。奈良時代に完成した歴史書である『日本書紀』（720年）には「スギとクスノキは舟に、ヒノキは宮殿に、マキは棺に使いなさい」と書かれています。

世界最古といわれている木造建築物は、世界遺産である法隆寺です。法隆寺の建立には、ヒノキが使われています。法隆寺は607年に建設されており、建物を維持するため定期的に修繕や補修がされていますが、高温多湿な日本の気候の中で約1400年を経た現在も見事な保存状態です。

1934年から1985年に、法隆寺では、大がかりな修繕工事が行われました。その際、法隆寺に使われているすべての木材をばらして、傷んだものを差し替え、再度組立て直されました。古い建物なので、修繕工事の前には「使われているヒノキはかなり傷んでいるだろう」と予想されていました。ところが、「古いヒノキの表面を3ミリほどカンナで削ると、新しいヒノキの香りが漂ってきた」と、修繕を担当した宮大工がとても驚いたとのことです。

　奈良県の東大寺にある正倉院宝庫にも、ヒノキが使われています。正倉院宝庫には、天皇の御遺愛品など六百数十点と、薬物が約60種納められており、これらの宝物は驚くほど良好な状態で保存されています。

　正倉院宝庫の建てられた年代に関する詳しい資料はないのですが、遅くとも8世紀中ごろにはできていたとされます。とすると、現在までに約１３００年を経ています。「なぜ、宝物が、そのような長期間にわたって良好な状態で保たれているのか」との疑問がおこります。

　この建物の場合、理由は少なくとも二つ挙げられます。一つ目は、建築物の建て方です。校倉造《あぜくらづくり》で床下が高く、庫内の環境が比較的一定に保たれるので、温度や湿度による損傷が少ないためです。

　二つ目は、建築木材に使われているヒノキの防虫や抗菌効果のおかげだといわれています。ヒノキの材には、木を腐らせてしまう菌類のオオウズラタケやカワラタケなどの繁殖を抑える働きが知られています。

ヒノキに特有の香り成分は「ヒノキチオール」「カジノール」や「ピネン」です。防虫効果は主にカジノールのおかげです。

ヒノキチオールには、1900年代に、肺結核を引きおこす結核菌に対する抗菌作用が見つかっています。また、食中毒の原因となる大腸菌や黄色ブドウ球菌、また腸チフス菌、破傷風菌などに対しても、ヒノキチオールが殺菌効果を示すことが報告されています。

2019年と2020年には、新潟大学から、ヒノキチオールが肺炎球菌に対して抗菌作用をもつことが発表されました。ヒノキチオールは、インフルエンザウイルスに対しても抗ウイルス効果を示すことから、インフルエンザの院内感染を防ぐためのスプレーとして実際に使われています。

ヒノキチオールは、名前からするとヒノキに多く含まれているようですが、意外にも、日本のヒノキにはごく微量しか含まれていません。ヒノキチオールは、台湾ヒノキや青森ヒバに多く含まれています。

このヒノキチオールが含まれた水について興味深い研究があります。コロナウイルスに対する抗ウイルス効果があることが報告されており、2005年に日本の会社が特許(JP2005145864A)を取得しています。この効果を見いだした実験を紹介します。

コロナウイルスをアフリカミドリザルの腎臓細胞に感染させて、4日後に増殖数を観察しました。ヒノキチオールで処理したウイルス液と、比較としてヒノキチオールで処理しなかったウイルス液の2種類を準備しました。ウイルスの数は、ヒノキチオール無処理のウイルス液で感染させた場合に比べて、ヒノキチオールで処理したものは、約半分に減少しました。さらに、ヒノキチオールの濃度を倍にすると、約30分の1にまで減少しました。

この際に感染させた腎臓細胞にダメージはなかったことから、ヒノキチオールがコロナウイルスにだけ作用して、感染、増殖を抑えたと考えられました。研究では「新型コロナウイルス」については検討されていません。

第五章

健康を支えてくれる優れものの香り

私たちの健康は、野菜や果物などを食べることで守られています。でも、食材植物だけでなく、ハーブや草花などの香りも、心やからだの健康に役立っているのです。

不老不死をもたらす果実が〝柑橘類の香りの元祖〟

タチバナ（ミカン科）

この植物には、原産地の中国から、弥生時代に日本に持ち込まれたという言い伝えがあります。それによると、弥生時代、十一代の天皇とされる垂仁天皇の命を受けた田道間守《たじまもりの》命《みこと》は、不老不死をもたらす果実を探しに中国へ旅に出ました。

10年後、彼が持ち帰ったのがタチバナの木であり、これが植えられたのが、現在の和歌山県海南市にあり、田道間守命を祀る橘本神社近くの「六本樹の丘」といわれます。この果実が、現在のミカンの原種とされます。お菓子のなかった当時は、「タチバナの果実を加工して、お菓子として食べていました」というものです。

この言い伝えにより、タチバナの果実は「お菓子の元祖」であり、それをもたらした田道間守命は「お菓子の神様」とよばれます。田道間守命の生まれ故郷とされる兵庫県豊岡市にある中嶋神社でも、「お菓子の神様」が祀られています。

一方では、タチバナの原産地は日本であり、これは日本固有の柑橘植物ともいわれます。

それを裏づけるように、この植物の学名は「シトラス　タチバナ」であり、日本の和名が種小名に使われています。

どちらが正しいのかは定かではありませんが、遠い昔から日本に存在していることに変わりはありません。その名前は『日本書紀』や『万葉集』などに残されており、「非時香果《ときじくのかぐのこのみ》」という別名をもちます。この名前は、「時を定めず、いつも香る果実」という意味です。

「非時香果」という語に、「果」が使われているのは、「果実」ですからそれでいいのですが、「果」に代わり、「菓」が使われていることもあります。これは、当時、この果実がお菓子として食べられていたことを反映しているのでしょう。

近年、日本にある多くの柑橘類の原種の一つとなっていることがわかってきています。そのため、「お菓子の元祖」であると同時に、「柑橘類の元祖」であります。また、「非時香果」といわれるのですから、「柑橘類の香りの元祖」でもあります。この植物の香りの成分は知られており、「リモネン」「ピネン」「フェランドレン」「テルピネン」が多く含まれています。特に、果皮に多いとされています。これらの成分は、その後に生まれてきた多くの柑橘類に受け継がれており、間違いなく、「柑橘類の香りの元祖」なのです。

滋養強壮、ダイエット、独特のにおいに好感も

ニンニク（ヒガンバナ科）

仏教の世界で、僧侶が食べる精進料理に肉や魚を含むことが禁止されていることはよく知られています。でも、野菜の中にも、使ってはならないものがあります。「五葷《ごくん》」といわれる、5種類の野菜です。

5種類の野菜は、時代や地域によって異なることがあります。サンショウやショウガが入ることがありますが、ニンニクを中心として、ネギ、ニラ、タマネギ、ラッキョウです。これらは、「においが臭い」ので、修行の妨げになるとか、「精がついて、性欲を刺激する」ので、修行の邪魔になるといわれたりします。国や地域によってはパクチーが禁止されていることもありますが、どこでも必ず含まれているのはニンニクといわれます。

ニンニクは、以前はユリ科でしたが、近年はヒガンバナ科とされ、原産地は、西アジアです。ニンニクは紀元前より食べられていた食品の一つで、エジプト医学を記した世界最古の医学書『エーベルス・パピルス』には、ニンニクが薬として記載されています。「古代エジプトでは、ピラミッド建設の労働者にニンニクが与えられた」といわれます。

また、中国の「万里の長城」を建設するときの労働者にも、与えられました。ニンニクには、疲労を回復させ、体力を増強する効果があることが、昔から知られていたからです。

この植物は、日本最古の歴史書である『古事記』や、奈良時代に完成した『日本書紀』、現存する最古の歌集である『万葉集』にすでに記載されており、日本にはかなり古くに中国や朝鮮から伝来したと考えられます。

ニンニクの英語名は「ガーリック」で、学名は「アリウム　サティブム」です。「アリウム」は、ネギ属であることを示し、「サティブム」は「栽培する」を示しています。ですから、学名は「栽培されているネギ属の植物」という意味です。漢字では、「大蒜」と書きます。同じ科の植物に「ノビル（野蒜）」があり、姿、形がよく似ており、ニンニクはそれより大きいので、「大きい蒜《ひる》」という意味からこの字が使われました。「蒜」というのは、ネギ、ニラ、ノビル、ニンニクなど、においが強く、食用となるおいしい草を総称する語です。

ニンニクは、そのままではほとんど香りがしません。しかしニンニクに包丁を入れると、あの刺激的な香りがしてきます。この香りは、ニンニクを切ると、細胞の中に含まれている「アリイン」という物質と「アリイナーゼ」が反応して、「アリシン」に変わることで初めて生まれます。

そのため、料理にニンニクの香りを強く出そうとするなら、ニンニクの細胞をできるだけつぶすといいでしょう。料理の仕方としてはニンニクを「押しつぶす」または「スライス」するよりも、「みじん切り」や「すりおろす」ことです。

ニンニクの香りは、とても食欲をそそります。また滋養強壮によい食べものだとされています。からだの中ではエネルギーをつくる際に「ビタミンB1」が必要になります。ニンニクに含まれているアリシンは、ビタミンB1と結合すると、エネルギーを効率よくつくり出してくれます。ビタミンB1は、豚肉やレバーに多く含まれ、アリシンは、ニンニクやニラなどに含まれます。そのため「レバニラ炒め」は、食べものから取った栄養素をからだに必要なエネルギーに変えることができ、「滋養」に一役買ってくれます。また、ビタミンB1は水溶性なので、摂取すると余った分はそのまま排出されてしまいますが、アリシンと結びつくことで「アリチアミン」という水に溶けにくい物質になります。

コーヒーノキの項（P80）でも紹介しましたが、ビタミンB1が不足すると、肝臓に蓄えられたアリチアミンが、アリシンとビタミンB1に戻り、エネルギーをつくる手助けをします。つまり、ビタミンB1が足りない虚弱な状態を回復する「強壮」作用があるのです。

ニンニクには、化学的に見ると、アリシン以外にも「硫黄」を含んだ物質が含まれています。1999年に神戸女子大学の研究によって、ニンニクに含まれる硫黄成分が体温を上昇させ、体重を減らすことが報告されました。

ラットを二つのグループに分けて、28日間、一方のグループには、ニンニク粉末を添加した餌を与え、もう一方のグループには、ニンニク抜きの餌を与えました。すると、ニンニク粉末が入った餌を食べていたグループでは、体重が減少したのです。

さらに、ニンニクの硫黄成分が胃や腸で消化されると、消化器官にある〝熱さ〟を感じる感覚器に結合し、からだがポカポカしてくるのです。同じような作用をもつ物質としてはショウガの「ジンゲロール」や「ショウガオール」、またトウガラシの「カプサイシン」などが知られています。

２０１４年には、フルーツのドリアンの中にも〝熱さ〟を感じさせる物質が発見されました。ドリアンは熟してくると独特の香りをもっており、腐ったチーズのような香りだといわれます。実際にドリアンの香りの中には、ニンニクの香り成分と似た硫黄を含む物質が混ざっています。この成分が〝熱さ〟を感じる感覚器にくっつくことで、〝熱さ〟を感じていたのです。

苦みを感じさせる成分がもたらすものは…

ピーマン（ナス科）

ピーマンは南アメリカ原産の植物ですが、現在では、世界中で栽培されています。日本には江戸時代に、ポルトガル人によってもたらされました。この野菜の日本でのよび名は、フランス語の「ピマン・ドゥ」に由来します。

ピーマンの学名は、トウガラシの仲間なので「カプシクム　アンヌウム」です。「カプシクム」はトウガラシ属であることを示し、ラテン語の「袋」を意味する「カプサ（capsa）」に由来し、果実の中が空洞で袋のようになっていることにちなんでいます。「アンヌウム」は「一年草の植物」を意味します。

英語では「グリーン・ペッパー」といわれます。「ペッパー」は「コショウ」ですから、グリーン・ペッパーは、「緑色のコショウ」ということです。これは、「レッド・ペッパー（赤色のコショウ）」とよばれるトウガラシの対語になります。

また、トウガラシが「辛い（ホット）」を意味する「ホット・ペッパー」とよばれるのに対し、ピーマンは「甘い（スイート）」を意味する「スイート・ペッパー」といわれることをもあります。果実が鐘のような形をしていることから「ベル・ペッパー」というよび名もあります。

この野菜は若い果実を食用としており、これには、ビタミンCやカロテンなどの健康に良い物質が多く含まれています。果実は完熟すると真っ赤になります。真っ赤な果実には、カプサンチンという物質が多く含まれており、シミを防ぐ効果があるといわれます。

緑の果実には、独特の苦みがあります。ところが「ピーマンの苦みは、どんな物質によるものか」については知られていませんでした。近年、この苦みに、ピーマンの香りが関係していることがわかったのです。そのきっかけが、十数年前に訪れました。

メキシコで栽培されている「ハラペーニョ（ハラペノ）」という品種のピーマンの中に、突然変異で苦みをなくしたものが見つかりました。これを利用して、タキイ種苗株式会社が、苦みのないピーマンの品種をつくりだしたのです。

そこで、苦みをなくした新しいピーマンと苦みのある従来のピーマンとで、どの成分に違いがあるのかが、奈良女子大学とタキイ種苗株式会社の共同研究で、調べられました。すると、苦みをなくしたピーマンにはほとんど存在せず、苦みのあるピーマンには多く含まれている「クエルシトリン」という物質が浮かび上がりました。

ところが、この物質には、渋みはあるのですが、苦みはありません。そこで、苦みの正体がさらに追求されました。その結果、クエルシトリンがピーマンの香りと一緒になったときに「苦い」と感じられることがわかりました。

香りは、苦みのあるピーマンにも苦みのないピーマンにもあります。しかし、クエルシトリンは苦みのないピーマンには含まれていないので、苦みが感じられないということになります。香りの成分は「ピラジン」という物質です。この物質の香りを感じなければ、苦みのあるピーマンを食べても苦くないということになります。クエルシトリンには、血管を強くし、血圧の上昇を防ぐ効果があるといわれます。

昔から、「鼻をつまんで香りを感じないようにして、苦みをもつピーマンを食べると、苦みを感じない」といわれてきました。この言い伝えに、科学的な根拠が得られたのです。しかし、「なぜ、鼻をつまんで香りを感じないようにすると、味が感じられないのか」との疑問が残ります

食べものを食べるときに感じる香りには、喉から鼻に入るものもありますが、鼻から直接感じるものがあるのです。これを「オルソネーザルアロマ」とよびます。「オルソ」とはギリシャ語で「正式の」という意味です。また、「ネーザル」は英語で「鼻の」を意味します。「アロマ」は香りです。

鼻をつまむと、鼻から直接入る香りが感じられなくなります。そのため、風邪などで鼻

が詰まったときに食べる料理には、おいしい味があまり感じられないということがおこります。これは、体調がよくないから、食べものをおいしく感じないという理由もあるかもしれませんが、その料理の味をオルソネーザルアロマを通して感じないためです。つまり、香りを鼻から感じなければ、おいしく感じられない味があるのです。

「鼻をつまんでリンゴジュースとオレンジジュースを飲むと、区別がつかない」といわれたり、「鼻をつまんでリンゴを食べると、ジャガイモの味がする」といわれたりするのも、その例です。このときのリンゴのおいしさは、鼻から直接感じる香りであり、オルソネーザルアロマを伴わないと感じないためです。

気持ちを落ち着かせるだけじゃなく抗酸化作用も

パセリ&セロリ（セリ科）

パセリは、セリ科の植物で地中海沿岸地方の原産です。生の葉っぱには香りがあります。その成分は「ピネン」や「ミリスチン」など、いろいろ含まれています。ブラジルにあるリオデジャネイロ連邦大学の健康科学系研究科では、2020年にパセリから29種類のフラボノイドを見つけました。

その中で、最も多かったのは、「アピイン」だったと報告しています。そして、最も特徴的なのは「アピオール」です。これには、抗菌、殺菌の作用があります。この植物が、料理に添えられるのは、この効果を期待してのものです。

セロリは、パセリと同じセリ科の植物で、ヨーロッパ地方が原産です。特有の香りが嫌われることもありますが、セロリの香りもまた、抗酸化作用のあるアピインを主な成分としています。これは「気持ちを落ち着かせる香り」といわれます。

このアピインが分解すると「アピゲニン」という物質に変わり、現在、抗がん剤への応用が進んでいます。

葉っぱも実も、高く香って消化を助ける

サンショウ(ミカン科)

この植物の原産地は、日本といわれます。そのため、その実とともに、英語では「ジャパニーズ・ペッパー」とよばれます。「ペッパー」は、コショウのことですから、「日本の胡椒」という意味になります。サンショウは、コショウと同じように、香辛料として使われます。

サンショウの学名は「ザントクシルム　ピペリツム」です。「ザントクシルム」は、サンショウ属であることを示し、ギリシャ語の「黄色い」と「木の材」に由来します。「ピペリツム」は「コショウのような」を意味します。

サンショウは、漢字では「山椒」と書きます。これの由来については、少なくても二つの説があります。

一つは、「椒」という文字は「小粒の実がなる木」を意味するので、小粒の実がなるサンショウにふさわしいため使われているというものです。この説に従うと、コショウにも、同じ「椒」が使われているのも納得できます。

二つ目は、「椒」の文字には「はじける」と「辛み」が合わさった意味があるといわれるため、果実ははじけ、山で取れる「辛み」なので「山椒」と名づけられたといわれます。いずれにせよ、その実は、はじけるので、「はじける実」や「はじけた実」という意味で、古くはこの植物が「はじかみ」とよばれました。現在では、「はじかみ」は、ショウガを指します。

サンショウは古くから私たち日本人が食していたと思われ、奈良時代にはすでにサンショウを辛み成分として食べていた可能性があります。なぜなら、『古事記』にはサンショウが出てくるからです。

現在では、サンショウは日本全国、北海道から九州まで分布しており、古くから日本に自生している落葉植物です。その生産は、日本では2000年に2000トンの収穫量だったのですが、2015年には約1000トンの収穫量があり、約5倍の伸びとなっています。生産場所は和歌山県が多く、全国の約70パーセントを占めています。次いで高知県、兵庫県となっています。地域によって生産されるサンショウの品種が異なり、和歌山県で多くつくられているサンショウは「ブドウサンショウ」で、トゲのない「アサクラサンショウ」から派生した品種とされています。

サンショウは、雌花だけを咲かせる雌株と、雄花だけを咲かせる雄株に分かれている植物で、山に自生していることも、家の庭に植えられることもあります。雌株であっても雄株であっても、春には、黄色がかった小さな花を多く咲かせます。

　サンショウの花は、夏の季語です。葉は、春の季語です。小さな若い葉っぱは「木の芽」とよばれ、日本料理の食材となります。煮物に添えられたり、吸い物に浮かべられたり、「木の芽和え」としても食されます。そして果実は、秋の季語です。サンショウは古くから、その実が「小粒でピリリと辛い」といわれ、果実の辛みはよく知られています。しかし、辛みで実を守るだけではありません。枝や幹に鋭いトゲをもち、実を食べられにくいようにしています。枝や幹は「すりこぎ」に使われます。

　辛みは、主に「サンショオール」という成分によるものです。サンショウの辛み成分は、サンショオール、サンショウアミドとよばれる油成分です。胃液の分泌を促すことで、消化を助ける作用があります。また血行をよくする作用もあるため、からだがポカポカと温まります。

　2008年に、サンショウのピリリとした辛み成分は、どのようにして感じるのかがわかってきました。ヒトのからだでは、痛みと辛みを感じる感覚器は同じものです。そのため、歯が痛いときに、痛みを感じる感覚器にサンショウによる「辛み」が反応すると、歯の痛みは感じなくなるのです。このしくみがわかる以前から、経験的に、辛みで痛みが抑えられることは知られていました。たとえば東洋医学では、歯痛のときにサンショウをかむと、痛みが治まるといわれていました。また、アメリカの先住民たちも、アメリカサンショウを痛み止めとして用いていたと伝えられます。

サンショウの果実は辛いですが、葉っぱには、強い香りがあります。この香りは、病原菌に感染しないためであり、虫などの動物にかじられないためにも役立ちます。香りは植物たちにとって、からだを守る一つの手段です。

葉だけでなく、果実にも香りがあります。そのため、サンショウの実はちりめんサンショウ、七味唐辛子また親子丼などにも使われています。また、うなぎの蒲焼や名古屋の名産「ひつまぶし」では、サンショウの実を添えて料理の香りと味を引き立てています。サンショウの葉や果実の香りには、レモンなどに含まれているリモネン、ゼラニウムやバラに含まれる酢酸ゲラニルとゲラニオール、また、柑橘類の香りシトロネラールが含まれています。

特に香り高い品種として、飛騨の高山で取れるヒダサンショウが知られており、収穫から1年たっても香りが衰えないといわれます。その理由としてタチバナにも含まれている「フェランドレン」という香り成分が多いことがわかっています。

甘みのある節句餅の香りオイゲノールは神経難病を抑える！

カシワ（ブナ科）

この植物の原産地は、日本を含む東アジアです。学名は「クエルクス　デンタタ」で、「クエルクス」はコナラ属を示し、ケルト語で「Quer＝良質の」と「Cuez＝材木」を合わせたものです。「デンタタ」は「デンタル（歯の）」の語源と同じで、歯形のようなギザギザの形状を意味していて、カシワの葉の形を表しています。英語では「ジャパニーズ・エンペラー・オーク」とよばれます。日本を原産地とし、その立ち姿が「エンペラー（皇帝）」を想像させるのかもしれません。

「カシワ」という名前の由来は二つあり、どちらも、カシワの葉が丈夫な硬い性質であることにちなんだものです。

一つ目は、丈夫なカシワの葉で食べものを包んだり、食べものの下に敷いたりすることから「炊葉《かしきは》」「食敷葉《かしわ》」とよぶことに由来するというものです。二つ目は、カシワの葉が硬いことから「堅し葉」に由来するというものです。

「柏《かしわ》」は「樫《かし》」と混合されがちです。「カシワ」も「カシ」も同じブナ科コナラ属で、名前も似ているためです。しかし、カシは常緑樹であり、一方のカシワは落葉樹で、まったく違う植物です。カシワは落葉樹ですが、葉が枝についたまま冬を過ごす木もあります。葉が春まで残り、冬を過ごすことも多いのです。そのため、カシワの木は「葉守りの神」が木に宿っている「縁起のいい木」とされています。

端午の節句には、カシワの葉っぱが使われています。これには「縁起がいい」に加えて、葉が途切れずに「葉（覇）を譲る」という語呂合わせから「代が途切れない」という意味でも使われているのです。

柏餅には、カシワの葉の効能も生かされています。カシワの葉はとてもすがすがしい香りがします。カシワの葉で餅を包む柏餅は、おいしいだけでなく、香りも楽しむことができます。この葉には、香水などにも含まれている「オイゲノール」という揮発性の香り成分が含まれています。オイゲノールは、バニラの香り成分である「バニリン」と似た構造をしているため、少し甘さも感じることができます。

オイゲノールは、自然界ではイチゴやパイナップルなどの果物にも含まれており、バジルやナツメグの香りにも含まれています。甘さと同時に、ピリッとした香りが醸し出されます。また抗菌作用があることから、カシワのもつフィトンチッドの利用として、カシワの葉っぱが柏餅の包みとして使われています。

このオイゲノールを亜鉛と混ぜ合わせた「酸化亜鉛ユージノール」という物質が歯科の治療で用いられています。これは、次回の来院までの間に虫歯の箇所を一時的に埋めるものですが、歯の状態を清潔に保つために、このオイゲノールの混ざった物質が使われているのです。オイゲノールには、抗菌作用に加えて「抗酸化作用」があります。ヒトを含めたいろいろな病気には酸化ストレスが関わっているものが多くあります。酸化ストレスとは、酸化することで生じる悪影響（ストレス）のことです。金属が酸化によって錆びるのと同じように、身体や細胞も年とともに錆びることでいろいろな病気の原因となっているのです。

特に、脳にある大部分の神経細胞は、一生の間、分裂をせずに生き続けます。そのために、酸化ストレスを和らげるためのさまざまな工夫があることがわかっています。

その一つとして、「酸化ストレスを弱めるタンパク質」が神経細胞では多く発現していることが知られています。逆に、このタンパク質が少なくなると、パーキンソン病の原因となります。パーキンソン病では、「やる気ホルモン」ともよばれるドーパミンという物質が減少することで震えや無表情、やる気がなくなるなどの症状が出てきます。

オイゲノールの抗酸化ストレス作用が、パーキンソン病の症状をおこさせたマウスの病態を緩和することがわかっています。最近の研究では、パーキンソン病の症状を早期に発見し、治療にオイゲノールを用いると、人間の場合にも、パーキンソン病を予防・治療できる可能性があることがわかってきています。

心筋梗塞を軽くし、抗がん作用まである万能の和の香り

ショウブ（ショウブ科）

この植物は、日本最古の歌集である『万葉集』に登場します。葉っぱの形が刀に似ているところから「邪気を払う」という意味で、男の子のお祭り「端午の節句」に飾られます。このときには、植物名の「ショウブ」との語呂合わせで、武道や軍事を重んじる「尚武」という意味も兼ねています。また「端午の節句」には、ショウブを浮かべた「菖蒲湯」に入る風習が残っています。このショウブの成分がお湯に溶け、血行をよくしてくれます。ショウブの根は、漢方では「菖蒲根」とよばれ、乾燥させて鎮痛作用や冷え性などに使われます。菖蒲湯には、ショウブがもっている「オイゲノール」や「アサロン」などの香り成分が含まれています。オイゲノールについては、カシワの項（P135）でその抗菌作用や抗酸化作用を紹介しました。

アサロンは、さわやかな香りをもち、これまで抗炎症作用や抗菌作用などがあることが報告されています。2020年には、中国の北京にある首都医科大学付属宣武医院の研究者が、心筋梗塞をおこすようにしたラットに、アサロンを投与して、その効果を調べて

います。アサロンは、漢方として炎症や浮腫を抑えるのに使われているため、心筋梗塞などの心疾患にも効果があるのではないかと考えられたのです。アサロンによって炎症を抑えることができると、心筋梗塞も軽くすることができます。

結果では、アサロンを体重1キログラム当たり10、20、30ミリグラムと濃度を変えて投与したところ、心筋梗塞の原因となる壊死をおこした梗塞部分が、与えられたアサロンの濃度に応じて小さくなりました。そして、心筋細胞へのダメージも抑えることができました。さらに、アサロンの効果として最近、特に注目されているのが「抗がん作用」です。これまでに、結腸がん、胃がん、肺がん、またリンパ腫に対して、その効果が報告されています。

近年、アサロンとこれまでの抗がん剤を併用すると、抗がん作用をより増強することができるという報告が集まりはじめており、将来、ショウブの香り成分アサロンを生かしたがんの治療薬に結びつくかもしれません。

母なる香りの成分は幸せ物質〝セロトニン〟

ラベンダー（シソ科）

この植物の原産地は地中海沿岸地方ですが、ポルトガルの国花に選ばれています。「なぜ、ラベンダーがポルトガルの国花になったのか」との疑問が浮かびます。この疑問に対する答えは定かではありませんが、日本で、サクラやキクが古くから愛されているように、ポルトガルではラベンダーが人々の日常生活に溶け込み、愛されてきたからと思われます。

ポルトガルとラベンダーとの出会いは、「古代ローマ」の時代にまでさかのぼります。ラベンダーは、そのころから「メディカルハーブ」として人々に愛されていました。ローマ人のつくった風呂にはラベンダーが浮かべられ、人々は香りやその効能を楽しんでいたようです。ラベンダーは、寒い気候にはわりあい強いのですが、高湿度や低温度、高温には弱いため、比較的温暖な気候のポルトガルでは、ラベンダーを育てるのにかなりの工夫が必要です。それでもポルトガルの人々は、ラベンダーの香りをアロマや塗り薬として日常で使い、また「ローズマニーニョ」とよばれるラベンダーの花からとった「はちみつ」は、ポルトガルの料理やスイーツによく使われています。

ラベンダーには、フレンチ・ラベンダーやイタリアン・ラベンダーなど、多くの仲間があります。「ラバンジン」あるいは「ラバンディン」とよばれる、少し大型のラベンダーは、普通のイングリッシュ・ラベンダーとスパイク・ラベンダーとが、自然に交雑して生まれたといわれます。

代表的なラベンダーは、学名で「ラバンデュラ　アングスティフォリア」とよばれるものです。「ラバンデュラ」はラベンダー属を示しますが、ラテン語の「洗う」を意味する「ラバレ」に由来します。「洗う」というラテン語が使われているのは、この植物が、古代ローマ人により、入浴や洗濯に用いられていたからといわれます。これについての真偽は定かではなく、青みを帯びた花が印象的なので、「青みを帯びた」を意味するラテン語に由来するという説もいわれます。

種小名に当たる「アングスティフォリア」の「アングス」は「細い」や「小さい」で、「フォリア」は葉のことなので、この植物の「幅の狭い小さい葉」を意味します。このラベンダーの古い学名は「ラバンデュラ　オフィスナリス」ですが、「オフィスナリス」は、ラテン語で「薬用の」を意味します。

日本には江戸時代に渡来したといわれ、花言葉は「繊細」「優美」などです。この植物は、春から夏にかけて、ラベンダー色ともいわれる青紫色の花を咲かせます。

ラベンダーには「香りの女王」というよび名があります。この植物に触れると、やさしい香りが漂います。これらの香りは、心をリラックスさせ、安らぎをもたらすといわれ、眠りを誘う〝母なる香り〟とよばれます。この香りには、頭痛や胃の痛みを和らげる効果があるといわれます。

その香りの成分は、主に、「リナロール」と「酢酸リナリル」です。リナロールには神経の緊張を鎮める効果があり、不安やイライラが和らぎます。また、酢酸リナリルは精神を安定させます。それは、〝幸せ物質〟といわれる「セロトニン」の分泌を促すからといわれます。

ラベンダーの香りは季節によっても変化し、リナロールは、夏よりも秋にその含有量が多くなる傾向があります。一方、酢酸リナリルは、夏も秋もあまり変化はないといわれます。これらの香り成分は、防虫効果をもたらします。そのため、ラベンダーが虫に食べられている姿はあまり見かけません。ラベンダーにとっては、この効果こそがこれらの香り成分をもつ意味なのでしょう。

ラベンダーは芳香から「ハーブの女王」ともよばれ、昔から、人々はラベンダーの香りをいろいろな用途に用いていました。主な三つの作用を紹介します。

一つ目は「傷による損傷を軽くする作用」です。「アロマセラピー」という言葉を生みだしたフランスの調香師ルネ＝モーリス・ガットフォセ博士は、「私の研究室が事故で爆発したときに、大やけどを負いました。その際、やけどの箇所をラベンダー精油で一度洗浄しただけで、高熱でやけどを負ったときにできる症状を食い止めることができました」と自分の体験を語っています。また、第二次世界大戦では、フランスの軍医ジャン・バルネ博士は、負傷した兵士のやけどの手当てにフランスから持ち込んだラベンダーの精油を使っていました。

二つ目は「脳の活性化、沈静化作用」です。ラベンダーの香りを嗅ぐと、脳が沈静化します。ところが、ラベンダーの香りの濃度を薄くすると、逆に脳の処理機能が向上します。ラベンダーの濃度によって、脳が沈静化したり、活性化したりするということです。

三つ目は「抗不安作用」です。2014年には、オーストリアのウィーン医科大学から、ラベンダーの「抗不安作用」が発表されました。この研究では、不安神経症もしくは不眠と診断された170人を二つのグループに分け、一方のグループには一日80ミリグラムのラベンダーの香りの成分を含んだものを飲んでもらいました。もう一方のグループには、ラベンダーの香りの成分を含まない、外見上は同じものを飲んでもらいました。なお、両グループの対象者には、どちらを飲んでいるのかはわからないようにしました。

その結果、4週間目から、ラベンダーの香りの成分を処方されたグループでは、不安症状が改善しました。ラベンダーの香りの成分がセロトニンの分泌を促すことにより効果があったのだろうと推測されています。

セロトニンについては、ダイダイ（P38）やイランイラン（P60）、コーヒーノキ（P80）の項で、少し紹介してきましたが、この物質は、私たちの「感情」や「行動」などを調節する物質の一つです。

このような作用をもたらす有名なものは三つあり、セロトニンは、「ドーパミン」「アドレナリン」とともにその一つです。ドーパミンの働きについては、カシワの項（P135）、アドレナリンの働きについては、スズランの項（P22）で、それぞれ紹介しています。

セロトニンは「幸せ物質」ともよばれています。たとえば、子育てをしている授乳中のお母さんの脳内では、多く分泌されており、それが母乳を通して、赤ちゃんに伝えられています。母乳を飲む赤ちゃんの幸せそうな笑顔は、この物質のおかげかもしれません。逆に、お母さんの脳内で分泌が少なくなると、「産後うつ病」の原因になるともいわれています。

果実は記憶力の改善に発揮する優れもの

ライム（ミカン科）

この植物は、インドやマレーシアが原産で、学名は「シトラス　オーランチフォリア」です。日本では馴染みが薄いですが、世界的には、レモンに次いで生産量が多い香酸柑橘類です。酸みの強い果汁は、ジュースやカクテルとして利用されます。

レモンより少し小さい「タヒチライム」と、さらに小さい「メキシカンライム」があります。主にメキシコやエジプト、インドで栽培されていて、日本にはメキシコからのものが多く入っており、品種は「メキシカンライム」です。日本国内でも、愛媛県や香川県、大分県などで生産されています。

ライムの香りとしては「リモネン」「テルピネオール」「シネオール」などが主な成分です。このうち、テルピネオールは、ビールにも含まれます。

２０１６年６月、テルピネオールが、株式会社ファンケルにより、記憶に関わる脳領域の血流量を増加させる効果があることが見いだされ、記憶の改善に効果があるのかに興味がもたれました。

この成果をもとに、2019年から2020年の一定期間、株式会社ファンケルから「アクティブメモリー」という商品として発売されました。「アクティブメモリー」は、6枚のシールに香りが染み込ませてあり、「こんな時、衣類に貼るだけ」という広告が書いてありました。「集中して考えたい」「気分をリフレッシュさせたい」「前向きに、テキパキ行動したい」時です。医薬品としてではなく雑貨として販売されていたので、香りによって記憶が改善したといった宣伝はされていませんでした。今後の発展に期待したい商品です。

テルピネオールは、ライムだけでなく、ローズマリーやライラック、ゲッケイジュにも含まれており、上品な香りのため、化粧品や石鹸にも利用されています。

第六章

万能感半端ない香りといえば…

香りは、食材や料理の味を深め、味覚を通して、私たちの心やからだに響いてきます。近年、その新たな働きが明らかになり、働きかけの〝仕組み〟もわかりつつあります。

ユズ（ミカン科）

リラックス効果をもたらすのはリモネン「認知機能を回復させる」と噂の成分も

この植物の原産地は、中国の揚子江上流地域といわれます。日本には奈良時代ごろに伝わり、約1300年間、栽培されています。学名は「シトラス　ユノス」で、「シトラス」はミカン属で「ユノス」は日本語名のユズにちなみます。英語名は、和名と同じで、「ユズ（Yuzu）」です。

〝ゆずこしょう〟や〝ゆず味噌〟などの調味料や、冬至の日の〝ゆず湯〟などに利用され、私たちの生活に溶け込んでいます。世界の三大香酸柑橘をダイダイの項（P38）で紹介しましたが、日本の「三大香酸柑橘」といえば、ユズ、スダチ、カボスです。ユズの産地は高知県が一番で、徳島県や愛媛県などでも栽培されています。

古くは中国で「柚《ユウ》」とよばれましたが、果汁が酢のように酸っぱいので「柚酢」となり、「柚子」に転じたといわれます。

「モモ、クリ三年、カキ八年」という言い伝えがあります。これは、発芽してから初めて実がなるまでのおおよその年数を示していますが、そのあとに続くのは、語呂合わせと口調のよさでいわれているものです。「モモ、クリ三年、カキ八年」に続いては、「ウメは、酸い酸い十三年」「ナシの阿呆は、十三年」や「リンゴ、にこにこ二十五年」など、いろいろおもしろおかしくいわれます。ユズでいうと「モモ、クリ三年、カキ八年、ユズの大馬鹿、十八年」です。実際にユズでは、発芽してから初めて実がなるまでの幼若期とよばれる期間は7～20年で、栽培条件によってかなり異なります。

ユズの成分には、認知機能を回復する効能があるようです。2013年に韓国の研究グループが、ラットを使った研究結果を発表しました。実験では、認知症の原因と考えられている「老人斑」をラットの脳内に注入して、約1カ月後にラットの行動や老人斑の量を測っています。

老人斑というのは、認知症患者の脳内でたくさんたまっており、この研究ではその状態を模倣したモデルを使ってユズの効果を調べています。

その結果、老人斑を注入したラットでは、予想通り多くの老人斑が検出されました。一方、ユズ抽出液を飲んでいたラットでは、老人斑の量が約4割程度にまで減っていました。「記憶力」を測る実験では、老人斑を注入したラットでは、記憶力が普通のラットの半分程度しか保たれていませんでした。一方、ユズの抽出液を飲んだラットでは、普通のラットの記憶力近くにまで回復（90％）していました。

つまり、ユズ抽出液を飲んでいたラットでは、半分程度（5割）だった記憶力がより正常に近づいたということです。ユズの抽出液が認知症状を改善するという例は、この報告が初めてです。この研究に用いられたユズ抽出液の中には「ルチン」「ナリルチン」「ナリンゲニン」などのポリフェノール類が多く含まれており、それらの効果によるものと考えられます。

ユズの成分に加えて、ユズの香りにも、健康への効果が知られています。冬至の日には「ゆず湯」に入る習慣があります。なぜ、冬至の日にゆず湯に入るのでしょうか。これは「冬至」と、病気を治す「湯治」との語呂合わせからと考えられます。ゆず湯では、ユズの成分を飲みませんから、香りと、皮膚への成分の効果を期待することになります。

ユズの香りを使った最近の研究結果から、ユズの「香り」には「ストレスを緩和する効果」があることもわかりました。２０１４年に、京都大学と四天王寺大学との共同研究の結果が発表されました。ストレスを感じると唾液中で増加する「クロモグラニンA」という物質の量を測って、ユズの香りがストレスを緩和する効果が調べられたのです。

研究では、20人の健康な女性（平均年齢20・5歳）を二つのグループに分けました。一方のグループには、ユズの香りを含んだ液を10分間、嗅いでもらいました。もう一方のグループには、香りの入っていない液を嗅いでもらいました。

その結果、ユズの香りを嗅いだ直後に、唾液中のクロモグラニンAの値が、嗅ぐ前の8割程度にまで低下していることがわかりました。これはユズの香りを嗅ぐことでストレスが和らいだ結果だと解釈できます。一方、比較としてユズの香りが含まれていない液のグループでは、逆にクロモグラニンAの値が嗅ぐ前の1・2倍に増えていました。また、ユズの香りを嗅いだグループでは、30分後でも、クロモグラニンAの値が低く保たれていました（嗅ぐ前の7割程度）。一方、ユズの香りが含まれていない液のグループでは、嗅ぐ前とほぼ同じ値でした。

ユズの香りの中には、少なくとも300種類程度の香り成分が含まれています。この研究に用いられた香りに最も多く含まれていた成分は、「リモネン」で約78パーセントを占めていました。次いで「ガンマテルペン」「ミルセン」「ピネン」などです。これらの香りがストレスの緩和をもたらすと考えられます。

レモン（ミカン科）

ユズとの香りの違いは僅差だった

この植物の原産地は、インド東部のヒマラヤといわれています。学名は「シトラス　リモン」で、「シトラス」はミカン属であることを示し、「リモン」はレモンです。フランスやスペインでは古くは「リモン」といわれていたと伝えられます。グレープフルーツの項（P29）で紹介したように、「シトラス」は、ラテン語で「シトロンの木」を意味する「シトルス」に由来するとされています。

シトロンは、古くはミカン科ミカン属のある植物の名前でしたが、レモンの木の古来のよび名になったといわれます。そのため、シトロンはレモンの原種といわれ、漢字では「枸櫞《くえん》」と書かれます。

これが、レモンに含まれる「酸っぱい味のもと」である「クエン酸」の名前の由来ともなっています。クエン酸という語の語源は、レモンの原種であるシトロンという植物の中国名が「枸櫞」であることに由来するのです。「クエン酸」と書かれていると、まさか語源が中国名であるとは思えないのですが、中国名なのです。

レモンの酸みは、主にクエン酸によることはよく知られています。クエン酸は、代謝を活発にし、疲労を回復し、夏バテを防止するのに貢献します。そのため、夏バテが出はじめるころに思い出されるように、語呂よく「9月3日は、クエン酸の日」とされています。

レモンは英語名ですが、漢字では、「檸檬」と書かれます。これは、「躑躅」「蒟蒻」「薔薇」「繁縷」などとともに、知っていないと読めない代表的な植物名です。もし読めたとしたら、書いてみてください。とても漢字で書く気がおこらない植物名です。ちなみに、順に、ツツジ、コンニャク、バラ、ハコベです。

レモンの香りは私たちの日常にもよく使われています。たとえば、レモンフレーバーの飲料水やアイスクリームなどです。レモンの香りの主な成分は「リモネン（Limonene)」とよばれる香りで、レモン（Lemon）を語源としています。リモネンは、熱や光、酸素に触れると急激に酸化して、分解される性質があります。そのため、飲み物やお菓子などに使われるレモンフレーバーにはリモネンではなく、「シトラール」とよばれる、より安定した香料が使われています。シトラールは、レモンにも含まれている「ゲラニアール」と、やや甘みのある「ネラール」が混合された香りからできています。

レモンには、もっと多くの香り成分が含まれています。レモンの皮の部分を絞って成分を分析すると、香り成分として約40種類もの物質が見つかりました。最も多く含まれていたのがリモネンで、約75~80パーセントを占めていました。

リモネンは、グレープフルーツの項（P29）でも紹介した香り成分であり、ユズにおいてもこの成分がもっとも多く含まれていました。レモンには、リモネンに次いで「ガンマテルピネン」、そして「ミルセン」が含まれていました。この上位3種類の香り成分はユズもまったく同じです。

しかし、私たちは、レモンの香りとユズの香りを嗅ぎ分けることができます。これは、ユズには、ごく少量のその果物特有の物質が含まれているためです。たとえば、ユズには、「ユズリン」という特殊な香りがごく少量入っているのです。

一方、レモンには、現在、特有の香り成分は見つかっていませんが、未知の物質が入っていることが考えられます。香りはごくわずか混じるだけで、印象が変わるものなのです。

インスリンの働きをサポートする驚きの香り

スダチ（ミカン科）

この植物は、ユズの近縁種として、江戸時代（約300年前）に、現在の徳島県で生まれました。和名は「酢のようにすっぱい橘」との意味から「酢橘《すたちばな》」といわれ、「スダチ」に転じたとされます。原産地は日本ですから、英語名も和名そのままで「スダチ（Sudachi）」です。

徳島県の特産品で、国内生産量の約98パーセントがここで生産されています。国内では、ユズに次いで生産量が多い香酸柑橘類です。「東洋のレモン」とよばれて焼き魚やマツタケの土瓶蒸しなどに香りを添え、日本料理には欠かせない、日本料理を引き立てる名脇役です。

この果実の中には、7～10個のタネ（ここではあえてタネにしています）が入っています。この果実は小さな球形ですが、果実を絞ると、果汁といっしょに、タネが料理に入って、料理が食べにくくなってしまいます。そのため、このタネがスダチに対する「不満のタネ」となっていました。そこで、近年、徳島県は「タネなし」スダチの開発に取り組み、タネなしの品種を生み出しました。そして、スダチから「不満のタネ」は消えたのです。

スダチの香りには多くの成分があり、その量も多いのが特徴です。それらは、多く果皮に含まれています。スダチの果皮からは、ほかの柑橘類には含まれていない「スダチチン」や「メトキシスダチチン」という2種類の成分が発見されています。これらが、スダチ独特のスッキリした香りのもととなっています。これらの香りは、不安やイライラを減少させ、ストレスを解消させるのに大きく役立ちます。

2006年、徳島大学の研究チームが発表した結果によると、スダチチンはインスリンの働きをサポートする効果があるとされています。

インスリンは、血液中の血糖値を下げるもので、スダチチンの効果が実証されれば、スダチは糖尿病の治療に役立つことになります。また、スダチチンには代謝を改善して脂質を燃焼しやすくし、体重の増加を抑える効果があるという研究結果も発表されています。それによると、多くの脂肪を含む餌を食べさせたマウスにスダチチンを投与したところ、3カ月後には、内臓脂肪量がスダチチンを投与しないマウスの半分まで減るという結果が出ています。

からだの細胞を元気に保つ香りって？

カボス（ミカン科）

この植物の原産地はヒマラヤ地方で、英語名は「カボス（Kabosu）」です。学名は「シトラス　スファエロカルパ」です。

カボスは、九州、特に大分県辺りに古くから分布しており、樹齢200年から300年の木があります。そのため、日本に伝来したのは江戸時代のころだと考えられています。

ユズ、スダチに次いで、日本の三大香酸柑橘に入り、昔は、この果実で「蚊をいぶした」とか「蚊をいぶしてから収穫した」といわれ、「蚊をいぶす」が訛って「カボス」になったといわれます。また、「香母酢」という字があてられます。

スダチとカボスは混同されがちですが、大きさが異なります。カボスはテニスボール程度の大きさなのに対して、スダチはゴルフボール程度の大きさです。

カボスにはクエン酸やカリウムなどの成分だけでなく、さわやかな香りのもとになる「リモネン」や「ミルセン」などの香り成分が豊富に含まれています。これらが素材の味を引き立たせる名脇役として、スダチ同様に、古くから日本料理には欠かせない食材として使われてきています。

リモネンは、ミカンやレモンにも入っている柑橘系の代表的な香りです。カボスでは7割以上をリモネンが占めています。心を鎮めてストレスを抑えるほか、血行促進や消化の促進、抗菌作用など、柑橘類が健康にいいとされている理由は、このリモネンのおかげです。

ミルセンというのは、刺激的な強い香り成分です。リラックス作用があるほか、抗酸化作用でからだの細胞を元気に保つといわれます。

同じ〝ピネン〟でもこちらはスッキリさわやか

ミョウガ（ショウガ科）

この植物の原産地は、インドなどの熱帯アジア、日本や中国などの東アジアともいわれています。学名は「ジンギベル　ミオガ」で、「ジンギベル」はショウガ属であることを示し、サンスクリット語で「水牛の角」を意味するといわれ、「オシベの形が角に似ている」とされたり、「塊茎が角に似ている」といわれたりします。

種小名の「ミオガ」は、日本語の「ミョウガ」であり、和名が種小名にそのまま使われている、めずらしい植物です。英語でも、日本名そのままに「ミョウガ（Myoga）」とよばれたり、「ジャパニーズ・ジンジャー」とよばれたりします。ジンジャーはショウガのことですから、「日本のショウガ」という意味です。この植物が、江戸時代に日本からヨーロッパに紹介されたためです。

和名の「ミョウガ」と、その漢字名については、次のような話が語り継がれています。「仏教を開いたお釈迦さんの弟子に、物忘れのひどいお坊さんがいました。そのお坊さんは自分の名前をすぐに忘れるので、自分の名前を書いた名札を首からかけさせられました。ところが、そのお坊さんは、自分の首に名札がぶら下がっていることも忘れて、死ぬまで自分の名前を覚えませんでした。そのお坊さんが亡くなったあと、そのお墓に見知らぬ草が生えてきました。そこで、その草に『自分の名前を荷《にな》って苦労したお坊さんの草』という意味で『茗荷』という字を当て、『ミョウガ』と名づけられましたとのことです。真偽のほどはよくわかりませんが、一方で、「このお坊さんは、修行にたいへん熱心な人で、修行をすることに心を奪われて、自分の名前などに興味はなかったのだ」という、そのお坊さんを讃える話を聞いたことがあります。

このお坊さんの話と関係していると思われますが、「ミョウガを食べたら、物忘れがひどくなる」という言い伝えがあります。しかし、ミョウガを多く食べても、特に物忘れがひどくなる根拠はありません。この言い伝えは、刺激が強すぎるので、子どもがあまり食べないようにと「親が言い出しはじめた」という説があります。

この植物は、太陽の光があまり当たらない場所で、夏に芽を出します。芽は赤い皮に包まれ、その中には、白い花びらをもつツボミが集まっています。この芽は「ミョウガの子」といわれ、私たちの食用になります。この植物の食用部は、芽といわれますが、ツボミなのです。地上にツボミが顔を出すと、多くの場合、食べるために、花が咲く前に摘み採られてしまいます。そのため、「出ては採られるミョウガの子」といわれます。この言葉は、

「目が出ると、取られる」にかけて、「博打に負ける」ときなどに使われます。

子どもに刺激が強すぎるといわれる原因は、香りです。香りの主な成分は「ピネン」です。この香りと刺激のおかげで、素麺や冷奴の薬味によく使われます。「ミョウガの香りには、神経の興奮を鎮め、ストレスを緩和する効果がある」といわれます。これは、ピネンの効果です。

また「ミョウガの香りは、頭をスッキリさせたり、眠気を飛ばしたりしたいときなどに有効」といわれることがあります。一方、マツの項（P71）では「ピネンは、眠りに入る時間を短縮する」という実験の結果を紹介しました。

ということは、マツのピネンは、眠りに導くということであり、ミョウガのピネンと、マツのピネンの効果は、一見矛盾しているように思われます。しかし、香りの効果は、その強さによって働きが変わることは十分に考えられます。たとえば「カメムシの香りは臭い」といわれますが、その香りも薄ければ、「ダイズのような、青臭い香り」と感じる人が多くなるのと同じようなものです。

また、人によって香りの感じ方に違いはあります。マリーゴールドの香りは「強いハーブの香り」と感じる人がいれば、「猫のおしっこのにおい」と感じる人もいます。その感じ方が、香りの作用の違いになって表れる可能性が考えられます。

身近な香りでは、たばこの香りが挙げられます。これは「大嫌い」という人がいるのに対し、「至福の香り」と表現されることもあります。

お吸い物や親子丼に欠かせないけれど、食欲を高める香りに要注意！

ミツバ（セリ科）

ミツバは日本原産の植物で、学名は「クリプトタエニア　ヤポニカ」です。「クリプトタエニア」の「クリプト」は「隠れた」とか「見つからない」を意味し、「タエニア」は帯や紐のようなものを指す語です。油腺が種子に隠れていることに由来するといわれます。「ヤポニカ」は、日本原産であることを示します。

食用には、栽培されたミツバが使われます。ミツバは「三つ葉」と書かれるように、三枚の小さな葉っぱが一セットになっています。庭の片隅で栽培すると、香りのいいミツバが容易に収穫できます。しかも、ミツバは繁殖力が旺盛なので、一度、庭の片隅で栽培をはじめると、翌年からは放っておいても芽が出てきます。食事のときに、吸い物や味噌汁に浮かべて、その香りを楽しむことができます。

一方、野や山道を歩いていると、自生しているミツバが見受けられることがあります。これらは、大きな葉っぱのことが多いです。「食べられる」といわれますが、灰汁《あく》が強いので、十分な「灰汁抜き」をしなければなりません。

これらの灰汁の成分は、病原菌や虫などへの嫌がらせになる、エグみや苦み、渋みをもった物質です。栽培されずに、自然の中で自分のからだを守りながら生きていかねばならないミツバの灰汁が強いのは納得です。

香りにはいろいろな働きがありますが、「食欲を高める香り」というのもあるのです。それはミツバの香りです。だから、お吸い物の素材にされます。すると、食事の場にその香りが漂って、食欲が促されるのです。

ミツバの強い香りの成分は「クリプトテーネン」です。この香りの名前は、属名にちなんでいます。

〝コショウ香〟を感じるワインってどんな味？

コショウ（コショウ科）

コショウはインド南部が原産地の植物で、その英語名は「ペッパー（Pepper）」です。日本には、中国を経て8世紀以前に伝えられましたが、食用として普及したのは17世紀以降です。

漢字では「胡椒」と書きます。「胡」という文字が使われるのは、西方の「胡」という国から伝来したという意味です。キュウリが、西方の胡の国から来た「ウリ（瓜）」という意味で、「胡瓜」と書かれるのと同じです。

「椒」については、サンショウの項（P131）で紹介したように、小さい果実を指す語であり、胡椒は「胡の国から来た、小さな果実」となります。一方、「椒」は、かぐわしい香りという意味をもつとの説もあります。

この植物の学名は「ピペル　ニグルム」で、「ピペル」はコショウ属を示し、「ニグルム」は「黒い」を意味しています。アフリカのリベリアの国花となっています。「なぜ、コショウが、リベリアの国花なのか」との疑問がおこります。

リベリアはアフリカ大陸の西側に位置し、1847年7月に、アメリカで働いていた黒人によって建国されました。リベリアという国の名前は、リバティ（自由）に由来します。そのため、リベリアの伝統的な料理は、アメリカ南部の料理に似たものが多く、スープやシチュー、肉料理などには必ずコショウを使います。リベリアは、日常で使っているスパイスを国花としているのです。

このように、日常で使うスパイスやハーブなどを国花としている国が、いくつかあります。たとえば、ラベンダーの項（P141）でも紹介したように、ラベンダーはポルトガルの国花です。また、ロシアではカモミールが国花とされています。

コショウ、ショウガ、サンショウも〝辛い〟と表現されます。しかし、これらは、それぞれ、コショウ科、ショウガ科、ミカン科に属する植物で、植物学的な類縁関係はありません。そのため、これらの辛み成分は、それぞれ異なっています。

「天国の種子」といわれるコショウの果実には、強い辛みの「ピペリン」やマイルドな辛みといわれる「シャビシン」という、辛みの成分が含まれています。ピペリンは、抗菌、防腐、防虫効果があるので、冷凍技術が発達していない時代には、肉などの保存に使われました。

それに対し、ショウガでは「ジンゲロール」や「ショウガオール」、サンショウでは「サンショオール」などという物質が辛みの成分です。これらの植物は、それぞれが辛みのある物質をつくることにより、虫や鳥などの動物から、からだを守っているのです。

コショウは、ナツメグ、クローブ、シナモンとともに「四大スパイス」とされ、その中でも「スパイスの王様」といわれます。なぜなら、コショウは、香りをもち、臭みを消し、辛みもあるので、幅広く利用されているからです。

コショウには、黒コショウと白コショウなどが知られています。黒コショウは、未熟な実を乾燥させたもので、白コショウは、完熟した果実の果皮が取り除かれたものです。辛みの程度は、黒コショウのほうが白コショウより強いのですが、辛みの成分は同じものです。

「コショウの丸呑み」ということわざがあります。コショウは、そのまま飲み込むと辛くはないですが、かみ砕くと辛みがわかります。これにたとえて、「物事は丸呑みすると、ほんとうの意味や意義はわからない。かみ砕くように吟味しなければならない」と教えるものです。

コショウの香りの主な成分は「カリオフィレン」や「リナロール」です。また、「ロタンダン（ロタンドン）」という物質が多く含まれています。近年、この香りが話題になりました。それはワインを飲んで「コショウのような香りを感じる」人がいることでした。

この感じ方には個人差が非常に大きいといわれますが、「なぜ、ブドウからつくられるワインに、コショウの香りがするのか」と不思議がられたのです。この疑問を追って研究が行われ、その謎が解かれました。

ブドウの品種シラーには、「ロタンダン」の香りの成分が含まれており、この品種のブドウを原料につくられるシラーというフランスのワイン（オーストラリアではシラーズ）には、コショウの香り成分であるロタンダンが含まれていることが明らかにされました。

世界的に認められた香辛料の新たな効能が話題に

ワサビ（アブラナ科）

この植物は、古い時代から冷涼な気候と日陰を好み、日本の渓谷の清流に育ってきました。葉っぱの形が、江戸幕府の将軍であった徳川家の家紋に使われているミツバアオイ（三つ葉葵）に似ています。そのため、山に育つアオイという意味で、漢字では「山葵」という字が当てられています。

ワサビは、寿司や刺身など日本の料理によく合います。それもそのはずで、ワサビは日本原産の植物なのです。そのため、英語名は和名と同じ「ワサビ（Wasabi）」です。同じアブラナ科のよく似た植物に「ホースラディッシュ」があるため、それと区別するために、「日本の」を意味する「ジャパニーズ」をつけて、この植物は「ジャパニーズ・ホースラディッシュ」ともよばれることがあります。

ホースラディッシュは、東ヨーロッパが原産地の植物で、和名では、「セイヨウ（西洋）ワサビ」といわれます。これはワサビと同じアブラナ科ですが、ワサビ属ではなく、セイヨウワサビ属の植物です。

ワサビの学名は、日本固有の植物であるとの立場から、「ワサビア　ヤポニカ」が多く使われます。「ワサビア」は、ワサビ属であることを示します。和名のワサビの語尾に「ア」がついているのは、学名はラテン語を使うと決められているため、ラテン語化されたものです。これを形容する言葉として「ヤポニカ」という「日本生まれの」を意味する語がついています。ですから、「ワサビア　ヤポニカ」は「日本生まれのワサビ属の植物」という意味になります。

これに対し、「エウトレマ　ヤポニクム」という学名もあります。「エウトレマ」は、ワサビ属であることを示しますが、「美しい（エウ）穴（トレマ）」を意味する語句です。この穴は、ワサビの根茎にある葉っぱがついていた跡を指すのか、果実や種子の表面にあるデコボコに由来するのかは定かでありません。

ワサビは、辛みを味わうためには、すりおろさなければなりません。「なぜ、すりおろさねばならないのか」との疑問が浮かびます。それは、すりおろさないワサビは、辛くないからです。

ワサビの食用部になる根茎には「シニグリン」という物質が含まれています。これは、ワサビの刺激的な香りと強い辛みのもとになる物質ですが、これ自体には、香りも辛みもありません。

根茎をすりおろすと香りと辛みが出てくるのは、そのときに出てくる汁の中に「ミロシナーゼ」という物質が含まれているからです。ミロシナーゼがシニグリンと反応すると「アリルイソチオシアネート」という物質ができます。これが、ワサビの刺激的な香りと辛みの正体です。ですから、多くの汁が出るように、なるべく丁寧にきめ細かくすりおろすと、ワサビの香りと辛みがよく出るのです。

刺身を食べるときには、ワサビと醤油を使います。なぜ、辛いワサビに、辛い醤油をかけるのでしょうか。これは、辛みを増すためです。といっても、醤油の辛みを加えるわけではありません。

ワサビの辛みの成分が、醤油と一緒になると、約2倍に増加するのです。辛み成分の量の増加を測定した報告があります（1999年の椙山女学園大学の研究報告）。すりおろした直後のワサビには、1グラム当たり0・91ミリグラムの辛み成分（アリルイソチオシアネート）を含んでいました。そこに薄口醤油を添加すると、1・55ミリグラムと約2倍に増加しました。これは、シニグリンを辛みに変えるミロシナーゼは、塩があると活性化する性質をもっているからです。

ワサビの辛み成分は、土に埋まっているワサビの根本部分に多く含まれています。根本の中でも「葉っぱ側の半分」と「根っこ側の半分」ではどちらが辛いでしょうか。確かめた研究があります。これも椙山女学園大学の研究報告です。

根っこの上半分をすりおろしたときには、1グラム当たり0・73ミリグラムの辛み成分があったのに対して、下半分をすりおろしたときには、1・69ミリグラムという2倍以上の辛み成分を含んでいました。「ワサビは根っこの先端が辛い」という通説と一致していました。

アリルイソチオシアネートには、ピリッと効くといわれる香りと辛みがあります。この辛み成分は揮発する性質があるため、口から鼻腔に伝わり、鼻にある「痛みを感じる感覚器」を刺激します。そのため鼻がツーンと痛くなるのです。一方、トウガラシなどの辛み成分である「カプサイシン」などは、食べても鼻が痛くなるということはありません。トウガラシの辛み成分は、揮発しにくいためです。

ワサビのピリッとした香りと辛みは、食用だけでなく、世代を風刺する川柳や時事漫画などにも使われます。これらで「ワサビが効いている」といわれると、「ピリッと風刺が効いている」という褒め言葉になります。

このワサビの香りには、カビの繁殖や細菌の増殖を抑制する抗菌効果があることが知られています。といっても、「ワサビの香りに、ほんとうにそのような効果があるのか」と疑問に思う人もいます。でも、ワサビの香りがカビの繁殖を抑える効果をもつことは、実験で容易に確かめることができます。

密封できる容器を二つ準備し、両方の容器の中に、カビの生えやすい餅のような食べものを入れます。そして、一方には、香りを強く発散させている、すりつぶしたワサビの入った小さな容器を入れて密封します。もう一方には、ワサビの入っていない小さい容器を入れて密封します。

これらを暖かい場所に置いて、何日かが経過すると、ワサビの入っていない小さい容器を入れたほうの餅には、カビが生えてきます。しかし、香りを強く発散させているワサビの入った小さな容器を入れたほうには、カビはなかなか生えてきません。

ワサビの香りにはそのような効果があるので、ワサビの香り成分を含んだカプセルを練り込んだ「ワサビシート」がつくられています。これは、スーパーなどの弁当や駅弁、惣菜やお節料理などの日持ちを長くするのに利用されている薄い透明なシートです。

ワサビと同じ成分なのに用途はおでんや冷麺だけ？

カラシナ（アブラナ科）

カラシナの原産地は、中央アジアとされています。カラシナの学名は「ブラシカ　ジュンセア」です。「ブラシカ」は、ラテン語では「キャベツ」を意味し、アブラナ属であることを示します。

「ジュンセア」はイグサに似たという意味ですから、カラシナは「イグサと似たアブラナ科の植物」ということになります。でもイグサは、イグサの項（P77）で紹介したように、イグサ科の植物です。そのため、何が似ているのかは、定かでありません。

日本にはかなり古くから入っており、栽培されてきました。平安時代に、薬用の植物として栽培されていた記録が残されています。たとえば、平安時代に編集された現存する最古の薬物辞典といわれる『本草和名』に、「加良之《からし》」とあります。

カラシナの英語名は、「ジャパニーズ・マスタード」で、「マスタード」は、カラシナです。「ジャパニーズ」がわざわざついているのは、明治時代以降に日本に伝来した、帰化植物のセイヨウカラシナに対するもので、両者は区別されています。

カラシ（芥子、あるいは辛子）という語は、カラシナの種子を示す言葉として使われることが多くあります。香辛料として使われる種子は、神経痛などの治療で患部に貼る薬として使われることもあったようです。

カラシナの辛みは、同じアブラナ科のワサビと同じように、シニグリンから生まれてきます。種子を粉末にしたものが「カラシ（芥子）」です。この粉末に水を加えて練ると、粉末中に含まれているミロシナーゼが活性化されて、シニグリンをアリルイソチオシアネートに変化させます。これが、カラシナの香りと辛みの成分です。

「カラシとワサビの香りと辛みの成分が、同じアリルイソチオシアネートといっても、香りも味も違うではないか」との疑問があるかもしれません。その原因は、辛みとともに入っているほかの成分がカラシとワサビで異なるからで、香りと辛みの本体の成分は同じ物質なのです。

第七章

ざんねんな香りに秘められた真実

〝トリビア〟とは、「役に立たない、些細なことや、つまらないこと」を意味します。本章では〝ざんねんな香り〟として、香りのトリビアを紹介します。でも、ほんとうは…？

あの名曲〝シクラメンのかほり〟は香りではなく〝かほりさん〟だった？

シクラメン（サクラソウ科）

この植物の原産地は、地中海沿岸地方です。クリスマスやお正月が近づくと、あちこちの園芸店や花屋の店頭に色とりどりの鉢植えが並びます。そのためシクラメンは、「鉢植えの王様」といわれます。

シクラメンには、「鉢植えの王様」以外に、「カガリビバナ（篝火花）」というきれいなよび名や、「冬の花の女王」というりっぱな別名があります。ところが、それらに比べると、ちょっといわれたくないと思っているであろう、もう一つのよび名「ブタノマンジュウ（豚の饅頭）」というのもあるのです。それぞれが、この植物の特徴をよく現しています。

シクラメンの花びらは、五枚あります。そのすべてが下から上に向かって反り返って伸びています。そのような真っ赤な花びらの姿は、まるでかがり火が燃え上がるように見えるため、この植物の別名は「カガリビバナ」なのです。

「なぜ、花が下を向いて咲くのか」と不思議がられます。その理由について、「この植物の原産地である地中海沿岸地方では、花が咲く冬には、雨が多く降ります。そのため、花が上向きに咲いていると、雨が花の中にたまり、花粉が雨にぬれて受粉できなくなってしまいます。そのため、花は下を向いて咲くのです」と説明されます。

また、咲いている期間が長く、お正月を過ぎても、寒さを忘れさせるように冬を明るく飾る花なので「冬の花の女王」とよばれることもあります。地上部が枯れるころ、地下部には、丸々とした大きな球根ができています。これにたとえられて、「ブタノマンジュウ」という別名があります。英語では「ソウ（雌豚）・ブレッド（パン）」というよび名があります。ブタノマンジュウは、これを日本語に直したものと思われます。

約40年前、歌手の布施明さんが歌った「シクラメンのかほり」という曲が大ヒットしました。

ところが、そのころ、この花に、香りはなかったのです。この植物の原種の花には香りがあったのですが、香りにこだわらず、花の色や、咲く花の数、寒さへの強さなどの性質が重視されて、品種改良が重ねられるうちに、香りがなくなってしまったのです。

この曲が大ヒットし、多くの人がシクラメンの香りに興味をもったので、香りのあるシクラメンをつくろうという努力がなされました。そして、とうとう、花に香りのあるシクラメンがつくりだされています。そのため、現在、シクラメンには、香りのあるものが存在しています。

　では「この曲の『かほり』は、何だったのか」という疑問が残ります。一説によると、「『香り』ではなく、『かほり』だった」といわれます。「かほり」とは、この曲をつくった小椋佳さんの奥様の名前「かほり（佳穂里）」さんだったというのです。真偽のほどは定かではありません。

名前も香りもひどいけれど、花の姿に癒やされる

ヘクソカズラ（アカネ科）

この植物の原産地は、日本を含む東アジアです。英語名は「ナル（Null）」で「価値のない」というような意味です。学名は「パエデリア　スカンデンス」で、「パエデリア」は、ラテン語で「悪臭」を意味し、「スカンデンス」は、「よじ登る性質の」を意味します。日本名の「カズラ」も、ツルで伸びる植物につけられる語であり、この植物がツル性の植物であることを示しています。

ツルが伸びて、小さな葉が繁茂したあと、夏に、漏斗型の小さな花が咲きます。「ヤイトバナ」ともいわれるように、花の中央に灸《やいと》の痕のような赤味があります。「サオトメバナ」ともよばれます。

もし、この植物らしきものを見つけたとき、「ほんとうにヘクソカズラかどうかを確かめよう」と思えば、葉などを押しつぶしてにおいを嗅ぐとよいでしょう。「ヘクソ（屁糞あるいは屁尿）」という名前にふさわしい香りがします。この香りに「悪臭」という言葉が使われるもとは、「メルカプタン」という成分です。日本では、『万葉集』には「クソカ

ズラ」という名前で出てきますが、江戸時代になると、それでは物足りないのか「へ（屁）」がついて「ヘクソカズラ」となっています。

気をつけていると、けっこう身近にあるのですが、知名度は高くありません。そのため、初めて名前を知ったとき、「なんとひどい名前がついているのか」と驚かれます。しかし、その名前のおかげで、一度知れば忘れられることのない植物です。

ヘクソカズラが育っているそばにいても、何の香りも感じません。それなのに、葉を少し揉めば、香りが出てきます。「なぜ、葉を傷つけたり、揉んだりしたら、強い匂いが放たれるのか」と疑問に思われるかもしれません。しかし、葉っぱの香りは、虫や動物が葉をかじったときに、葉が身を守るために発散させるためのものです。ですから、ヘクソカズラの香りの成分メルカプタンは、葉をかじった虫や動物には耐えられないものなのです。

ヘクソカズラは、雑草につけられたもっともひどい名前の代表です。しかし、昔の人は、憎くてこんなひどい名前をつけたのではないでしょう。むしろ逆のように思えます。植物に愛情を感じ、ともに生きる仲間として、親しみを覚えるようにつけられた名前なのでしょう。仲のよい友達同士が、おもしろいニックネームでよび合うようにつけられたものだったのでしょう。そうであってほしいと思います。

においは嫌われても三大民間薬の一つ

ドクダミ（ドクダミ科）

ドクダミの原産地は、日本を含む東アジアです。学名は「ホウツイニア　コルダタ」です。「ホウツイニア」はドクダミ属を示し、オランダの医師でもあり植物学者のマールテン・ホッタインの名前に由来します。「コルダタ」は、「ハート形の」や「心臓形の」を意味し、葉っぱの形にちなんでいます。

英語名は「リザード・テイル」や、「フィッシュ・ミント」、「フィッシュ・ハーブ」などがあります。「リザード・テイル」はトカゲの尻尾という意味です。草取りのとき、この植物は容易に抜き取れます。しかし、地上部が地下部から切り離されただけで、根ごと抜き取れたわけではありません。ですから、「トカゲの尻尾切り」なのです。

「フィッシュ・ミント」「フィッシュ・ハーブ」などと「魚」が使われるのは、この植物の香りが魚のようなにおいにたとえられるからです。ほかにも英語名に「カメレオンプラント」がありますが、これは斑入りの品種が緑や赤に見えるところから、体色を変えるカメレオンになぞらえてつけられているのです。

ドクダミは、暖かい地方の湿り気のある庭の片隅や道端に群生して育ちます。近年は八重咲きの花があり、美しいので栽培されていることもありますが、多くの場合、雑草と見なされています。

葉っぱは心臓形で、葉のまわりや葉柄は赤みを帯びています。心臓にたとえられるような形の葉っぱを揉むと、「デカノイルアセトアルデヒド」という物質を成分とする強い香りが漂ってきます。群生している場所には、この植物のほのかな香りが漂っていますが、葉を揉むと、独特の強いにおいがあります。この特有の臭気のため、「毒が入っている」という意味で「毒溜め」といわれたのが、ドクダミという名前の由来です。

また、抗菌や殺菌作用をもつので、「毒を消す」という意味で「毒を矯《た》める」といわれました。この「毒矯め」から、「ドクダミ」とよばれるというのが、名前の別の由来です。

ところが、毒どころか、この葉は、昔から「10種の薬の効能がある」といわれ、この植物には「十薬《じゅうやく》」という別名があります。古くからの「三大民間薬」の一つです。葉や茎の乾燥したものを煎じると、利尿、便通、駆虫、高血圧予防などの作用があります。また、生の葉は、化膿部や創傷に貼るなどされます。乾燥させた葉は、煮出して健康茶として利用されます。ドクダミ茶は「動脈硬化を予防したり、利尿作用があったりする」といわれます。このときの成分は「クエルシトリン」などです。暑い夏の前の5~7月に採取した葉っぱに、この成分は多く含まれています。

古来、軽いけがや病気の治療に利用され、重宝がられてきた植物はいくつかありますが、先に紹介した三大民間薬は、ドクダミ（ドクダミ科）のほかに、センブリ（リンドウ科）、ゲンノショウコ（フウロソウ科）です。センブリは「千度振り出してもまだ苦い」というのが名の由来ですが、その苦い成分が胃腸薬などの原料となっています。ゲンノショウコは、葉や茎の乾燥させたものを煎じて飲むと、下痢止めの効果がすぐに現れることから、「現の証拠（あるいは、験の証拠）」の名があります。

腐った肉のような悪臭にも三分の理

ラフレシア（ラフレシア科）

この植物は、東南アジアのスマトラ島を原産地として熱帯アジアに育ちます。学名は「ラフレシア　アルノルディィイ」や「ラフレシア　ケイシ」です。「世界一の大きな花」を咲かせる植物としてよく知られています。

大きいものでは、一つの花の直径が約1メートル、重さが約7キログラムもあります。こんなに大きな花なのに寄生植物で、ブドウ科の植物に寄生して育ちます。だから、大きな花を咲かせるための栄養は、すべて寄生された植物が供給しています。そのため、ラフレシア自身は、ツボミや花の姿を見せますが、茎もなく葉もない奇妙な植物です。

2020年1月、ラフレシアが、これまで見つかった中でも最大の花を咲かせて話題になりました。その花の直径は、111センチメートルで、それまでの107センチメートルを上まわったのです。

この植物は、雄花と雌花を別々の株に咲かせます。そのため、自分の雌花には、同じ仲間のほかの株に咲く花の花粉がついて、種子ができます。その結果、自分の性質と別の株の性質とが混じり合って、いろいろな性質の種子ができます。いろいろな性質の種子ができれば、さまざまな環境で生きていけます。

そんな種子をつくるためには、虫がほかの株に咲く花の花粉を運んできてくれなければなりません。だから、ラフレシアは、できるだけ目立つ香りを放ち、虫をよび寄せねばなりません。そのためか、この花の香りは、すごく印象的なものです。

開いた花は「腐った肉のにおい」と形容される香りを放ち、私たち人間にはひどい悪臭に感じられます。これは、受粉のためのハエを誘うための香りです。だから、ハエたちには魅力的な香りなのでしょう。

この花から採取した香りの成分をきちんと調べたという研究を、私は目にしたことはありません。でも、腐った肉が放つ香りは「ジメチルトリスルフィド」という硫黄を含む物質であることはわかっています。ラフレシアの花が放つ香りには、これが含まれていると考えられます。

足の裏の悪臭、腐った肉のにおい、加齢臭、ひどい香りの三重奏

ショクダイオオコンニャク（サトイモ科）

さまざまな「世界一」を記載する『ギネス・ブック』に載っている、「世界一の大きな花」はスマトラオオコンニャクの花です。日本では、ショクダイオオコンニャクとよばれます。ろうそくを立てる「燭台」にたとえられるのは、植物学的には、大型の苞である「仏炎苞」の部分です。

その直径は、150センチメートルに達します。ただ、この花は小さな雄花と雌花の集まりを大きな苞で包んだものであるため、独立した一つの花としては、ラフレシアが「世界一の大きな花」とされます。

2010年の夏、東京大学付属小石川植物園でショクダイオオコンニャクが開花しました。花の高さは、約156センチメートルでした。この花は2日間だけ開き、その間に花の軸の温度が上がって、よく香りを放ちました。

香りといっても、この花の場合もラフレシアと同じく、魚や肉が腐ったようなにおいで

す。ところが、ラフレシアの場合とは違い、この花から香りが採取され、その成分が実際に分析されたのです。

その結果が、その年の12月に発表されました。ラフレシアと同じ「腐った肉のにおい」に加えて、「長い間履いた靴下のにおい」が混じった香りと形容されました。

その主な成分は、実際に腐った肉が放つのと同じ「ジメチルトリスルフィド」という硫黄を含む物質でした。また「イソ吉草酸」という物質も含まれていました。イソ吉草酸というのは、臭い足の裏や、長いこと履いた靴下のにおい、また、納豆のにおい、汗のにおい、加齢臭などとたとえられるにおいです。

そのほかに、都市ガスのにおいに似た「チオ酢酸メチル」という物質も混じっており、これらがこの花のひどい香りを高めているようです。

虫はなぜ、この落とし穴にハマるのか

ウツボカズラ（ウツボカズラ科）

植物は通常、土から養分を摂取して育ちます。一方、食虫植物は栄養の少ない土壌に生息しているため、根からの養分に頼らず、虫から養分を補います。そのため、食虫植物は、英語で「カーニバラス・プラント」とよばれます。「カーニバラス」とは「肉食性の」という意味です。

食虫植物は世界に約10種類の科、約600種ほども生息しています。それらは、虫を捕らえる「捕食器官」とよばれる特殊な器官を発達させました。その種類によって、食虫植物はタイプに分けられます。

一つ目は「落とし穴型」といわれ、消化液の入った壷型の葉で虫を捕まえるタイプです。二つ目は「粘着型」で、葉についた粘液で虫を捕らえるタイプです。三つ目は「挟みわな型」で、葉っぱに虫を挟み込むタイプ、四つ目が、袋状になった部分に吸い込む「袋わな型」です。

ウツボカズラ（英語ではネペンテス）は、マレーシア、ボルネオなど赤道近くの東南アジアを中心に分布する「ツル性の食虫植物」の一つで、一つ目のタイプです。いったん虫が中に入るとツルツルして滑りやすく、出にくい構造となっています。

ウツボカズラは、虫をおびき寄せるために、「見た目」と「香り」に工夫を凝らしています。ウツボカズラの捕食器官に黄色、グリーン、赤などの色を塗り、虫の捕獲されやすさを調べました。その結果、捕食器官の色は「赤っぽい色」がもっとも虫をおびき寄せるということがわかりました。

さらに虫は紫外線を使って植物を観察することができます。そこで紫外線を植物に当ててみることで、虫の「見え方」がわかるのです。驚いたことに紫外線を当てると、食虫植物は可視光でみた外観とは全く別の姿を見せてくれます。ウツボカズラの捕食器官の入り口は、もっとも光り輝いて見えるのです。そのため虫はウツボカズラの入り口に引き寄せられていくのでしょう。

またウツボカズラは、虫をおびき寄せるために「視覚」だけでなく「香り」も利用しています。１９９６年に、イギリスのスコットランドにあるアバディーン大学のグループが、ウツボカズラの上のほうと、下のほうについている捕食器官の中の液体の成分を比較しました。

その結果、上のほうについている捕食器官の中の液体には「リナロール」や「リモネン」

などの甘い香りの成分が、より多く含まれていることがわかりました。実際に、上の捕食器官には、ハチやハエなどが捕食されていることが多く、香りに誘われているのでしょう。一方、下のほうについている捕食器官には、クモやアリなど、地上をはう昆虫が多く捕食されていました。

また、ウツボカズラの「花が咲いたとき」には、強烈な香りを発します。「土壌のにおい」や「虫の腐ったにおい」だと表現されます。この香りの中には、特に次の項で紹介するタマネギの刺激臭のような硫黄を含んだ成分（硫化アリルなど）が多く含まれています。

やっぱりあった！　涙が出る香りの正体

タマネギ（ヒガンバナ科）

近年、秋になると、「切り刻んでも、涙が出ない」や「生で丸かじりしても、辛みを感じない」というキャッチフレーズで、タマネギが売り出されます。これは、「スマイルボール」と名づけられたタマネギです。

これは、長い間、多くの人を悩ませ続けた「なぜ、タマネギを切ると、涙が出るのか」という疑問を解決し、その仕組みを利用して、ハウス食品株式会社の研究により、つくりだされたタマネギなのです。

タマネギはヒガンバナ科（以前はユリ科）の野菜で、中央アジアが原産地です。日本には、明治時代の初めに伝えられました。その当時、すでに知られていたラッキョウよりひとまわり大きいので、この野菜は「ラッキョウのお化け」と気味悪がられました。原産地が中国のラッキョウは、薬用の植物として平安時代に日本に伝えられ、江戸時代には野菜としてすでに栽培されていたのです。

タマネギの学名は「アリウム　セパ」です。「アリウム」はネギ属であることを示し、「セパ」は昔のケルト語で「頭」を意味しています。そのため、学名は、「頭のあるネギ属の植物」という意味です。ネギ坊主が印象的だからでしょうか。

タマネギには、ポリフェノールの一種である抗酸化物質「クエルセチン（ケルセチンともいわれる）」が含まれています。ミネラルやビタミンも豊富に含まれています。そのため、健康によく、イギリスでは、この野菜は「一日一個で、医者を遠ざける」といわれる〝ありがたい〟植物です。そのありがたさへの感謝の気持ちが目に染みておこるわけではないでしょうが、この野菜を包丁で刻んでいると、涙が出てきます。

ただ、タマネギを手に持って目に近づけても、涙は出てきません。切ったり刻んだりすると、涙が出てきます。その理由は、切り刻むと、涙を流させるもとになる「催涙成分」がつくられ、タマネギから放出されるからです。

タマネギの中には、催涙成分のもとになる、硫黄を含んだアミノ酸の一種である「スルホキシド」という物質と、それを催涙成分に変える、「アリイナーゼ」とよばれる物質が含まれています。スルホキシドは、正式の化学物質名を省略化した「プレンクソ（Prencso）」といわれることもあります。

二つの物質はタマネギの中で別々に存在しており、接触しないようになっています。ところが、タマネギを切り刻むと、二つの物質が切り口のところで接触して反応し、「スルフェン酸」とよばれる催涙成分のもとがつくられます。細かく刻めば刻むほど、切り口の面積は増えますから、反応が多くおこり、多くの催涙成分のもとになる物質がつくられます。

以前は、このスルフェン酸から自然に催涙成分ができると考えられていましたが、現在では、この物質に、催涙成分をつくりだす物質が働きかけて、催涙成分がつくりだされてくることがわかりました。涙を流させる効果をもつ催涙成分は「硫化アリル」といわれることが多くあります。

でも、ハウス食品株式会社の研究から、その正体は、「プロパンチアール-S-オキシド」というものであることが明らかになっています。この物質は気体になって揮発する性質があるので、切り口から空気中に放たれて漂います。そして、水に溶けやすいので目に染み込みます。すると、この物質には催涙性があるので、涙が出るのです。

そこで研究者たちは、催涙成分をつくりだすもとになるスルフェン酸に働きかけて、催涙成分をつくりだす物質を突き止め、「催涙因子合成酵素」と名づけたのです。この研究からわかったことは、切り刻むと涙を出す物質であるプロパンチアール-S-オキシドがつくられる仕組みは、2段階に分けられるということです。1段階目では、アリイナーゼが働き、2段階目は催涙因子合成酵素が働きます。

この仕組みがわかると、1段階目のアリイナーゼが働くところで、働かせないようにすると、催涙成分はつくられないことになります。それが実際に行われたのです。それが、この項の冒頭で紹介した「スマイルボール」です。このタマネギは催涙成分がつくられないのですから、切り刻んでも「涙が出ないタマネギ」になったのです。

ところが催涙成分は、涙を出させるだけでなく、タマネギの辛みを感じさせる物質です。ですから、これがつくられないと、涙が出ないだけでなく、生で食べても辛みをほとんど感じないタマネギになりました、

しかしこれが幸いなことに、辛みが減ったタマネギになります。「涙が出ないタマネギ」は、水でさらさなくても辛みが弱いということです。水にさらさなくても、オニオンスライスがつくれるのです。新たな生食用のタマネギということになります。

好き嫌いの分かれ目は香りのセンサーの差異だった

パクチー（セリ科）

2019年4月の末日、平成の時代が終わり、5月1日から、令和の時代がはじまりました。この少し前、2018年11月に、タキイ種苗株式会社が「平成の約30年間に『流行した野菜』『代表する野菜』『定着した野菜』とは、何か」について、アンケート調査を行いました。その結果、すべてのランキングで1位となった「平成の野菜」が決まりました。

第1位に選ばれた「平成の野菜」は、パクチーでした。この野菜に続いて、すべてのランキングのベスト4として、2位から順に、アボカド、フルーツトマト、ズッキーニの3つが選ばれました。

パクチーの原産地は、地中海東部の沿岸地域です。この野菜の学名は「コリアンドルムサチブム」で、「コリアンドルム」は、ギリシャ語の「虫」を意味する「コリス（Koris）」に由来します。葉や果実が、ナンキンムシやカメムシのようなにおいがすることにちなみます。「サチブム」は栽培されているという意味です。

この野菜はセリ科の植物で、タイ料理やベトナム料理が人気となるにつれて知られるようになりましたが、知名度を大きく高めたのは、2016年のことでした。あるイベントで「今年の一皿」に、この野菜をメインとするサラダが選ばれたのです。この野菜が好きな人は「パクチニスト」、あるいは「パクチニスト」といわれます。

「パクチー」というよび名はタイ語で、英語名は「コリアンダー」です。これは、学名の「コリアンドルム」にちなんだよび名です。また、パクチーの種子や葉っぱの部分を乾燥させてパウダー状にしたものも、コリアンダーといわれることがあります。

日本では一般的に、葉っぱを生のまま食べる場合には「パクチー」とよぶ習慣がありま す。どうして、同じ植物がまったく違う名前でよばれているのでしょうか。その理由は、日本への紹介のされ方が違ったからです。

ヨーロッパから「サラダの野菜」として紹介されると、「コリアンダー」として人気が出はじめました。一方、タイやベトナムから「エスニック料理の具材」として紹介されたときには、「パクチー」として人気が出ました。そして、そのままの名前が現在まで続いているのです。

またその独特な香りのために、「カメムシ草」ともよばれています。このにおいはパクチーの茎や葉っぱ、また未熟な果実に含まれる「カプリンアルデヒド」という成分がもとになっています。

この植物の香りは、好き嫌いが大きく分かれます。2011年にアメリカのカリフォルニアに本社を置く遺伝子解析情報の会社が、約3万人を対象に、パクチーの香りの「好き嫌い」と「嗅覚の感覚器」との関係を調べました。

その結果、この植物の香りを嫌っている人には、嗅覚の香りを感じる感覚器の遺伝子に変異があることを見つけました。この感覚器は「カプリンアルデヒド」とよばれる香りを感じ取ることができます。

この感覚器の遺伝子に変異が起こると、カプリンアルデヒドとの結合が非常に強くなるため、この香りにとても敏感になってしまうようです。パクチーの香りを嫌う人たちでは、パクチーの香りを主に醸し出している「カプリンアルデヒド」が感覚器に強く結合するために、強烈な香りに感じてしまうことがその理由のようです。

ギンナンを食べるのは人間とアライグマだけ？

イチョウ（イチョウ科）

イチョウは約2億年前に中国で生まれ、約1億年前には十数種類が栄えていたと考えられています。しかし、その後に訪れる氷河期を越えて生き残ったのは、1種類のみでした。

そのため、現在のイチョウは、同じ科や属に仲間がいない、一科一属一種のさびしく生きる植物なのです。「杜仲茶」の原料となるトチュウ科トチュウ属のトチュウも一科一属一種の植物として知られています。でも、このような植物は多くありません。

イチョウの学名は「ギンクゴ　ビロバ」です。「ギンクゴ」はイチョウ属を示し、「ビロバ」の「ビ」は二つを意味し、「ロバ」は葉っぱを意味します。そのため「ビロバ」は、葉っぱが二つに分かれたことを意味します。そのとおりに、この植物の葉っぱは、二つに浅く裂けています。

イチョウの木は、さっそうと背を伸ばして立っています。その樹形からは、そのようなさびしい境遇にある植物とは思えません。近年は、「虫がつかない」とか「大気汚染に強い」などといわれて、街路樹や都会の公園によく植えられています。また、多くの神社や仏閣では、時として御神木として崇められています。そのように私たちとともに歴史を刻んできたように思えるイチョウには、氷河期に多くの仲間を失ったという、悲しい過去があるのです。

イチョウの原産地である中国でのよび名や、日本の江戸時代の呼称では「銀杏」と書かれ、「ギンキョウ」と発音されました。ギンナンとよばれる硬い種子が銀色に輝くような白色で、形がアンズ（杏）の果実に似ているからといわれます。

イチョウは、長老や祖父の尊称などを意味する漢字である「公」が使われて、「公孫樹」と表記されることがあります。これは「老木にならないと、ギンナンが実らない」という性質に基づくものです。

この名前には、「長老や祖父が植えた木が孫の代になって実る樹木」という意味が込められています。「モモ、クリ三年、カキ八年」に倣って、「イチョウ三十年」といわれることもあります。実がなれば、ギンナンができます。ちなみに臭い部分が果肉で、それに包まれた硬い殻をもつものが種子と思われがちです。しかし、植物学的には、臭い部分を含めて、全体がイチョウの種子です。

ギンナンについては「なぜ、臭いのか」との疑問があります。この臭さは、「酪酸」と「ヘプタン酸（エナント酸）」という二つの物質によります。それぞれは、人間の足の臭さや、腐ったもののにおいと表現される香りです。

この香りは、イチョウにとっては、ギンナンが動物に食べてしまわれないことに役立っていると考えられています。ギンナンには、臭い部分に包まれて、硬い殻をもつ「核」があり、その中に「仁」とよばれる部分があります。

「動物は、あの臭い香りを避けて、ギンナンを食べないのか」が、あるテレビ番組で調べられました。その結果、「ニホンザル、タヌキ、ネズミは、あの香りから逃げ、アライグマは食べた」といわれます。だから、多くの動物に対しては、臭い香りが種子を守るのに効果があるのかもしれません。

第八章

密《ひそ》かに香って、自分や仲間を守る香り

植物たちは、仲間と、何も話をしていないように見えます。でも、そんなことはありません。植物たちは、香りを利用して、コミュニケーションをとることもあるのです。

秘密結社でつながる防虫機能

リママメ（マメ科）

香りには、いろいろなものがあります。さわやかな香り、虫を誘う香り、痩せる香り、食欲をそそる香り、元気を出させる香り、満腹感をもたらす香り、幸せを感じさせる香り、心身をリラックスさせる香りなどです。目に染み込み、涙を出させる香りというのもありました。

ここでは、自分のからだを守るために「助けをよぶ」香りを紹介します。

植物は、いろいろな方法でからだを守ります。トゲや有毒な物質をもっていたり、動物の嫌がる味をからだに秘めていたりするものがあります。香りも、からだを守るための武器として役に立ちます。フィトンチッドなどは、その代表例です。

一方で、香りは、自分のからだを守るために助けを求める手段としての〝飛び道具〟としても使われるのです。たとえば、ダニの一種にナミハダニというのがいます。これは、葉っぱを食べる害虫です。葉っぱを食べられた植物は、その傷口から特有の香りを発散させます。人間が葉っぱを傷つけたときには、その香りは出ません。ナミハダニが葉っぱを食べたときにだけ出てくる香りなのです。

この香りには、チリカブリダニというダニを引き寄せる作用があります。この香りに誘われて駆けつけてくるチリカブリダニは、葉っぱを食べるダニではありません。ナミハダニを餌にする、ナミハダニの天敵なのです。それゆえ、ナミハダニに襲われた植物たちは、チリカブリダニに助けられることになります。

つまり、植物たちは、ナミハダニに襲われると、助けを求めるために香りを発散するのです。その香りで、ボディガードの役目をするチリカブリダニが駆けつけます。この現象は、マメの一種で、熱帯原産のリママメでよく知られています。その香りの成分は、「オシメン」や「メチルノナトリエン」であることがわかっています。

この香りは、チリカブリダニだけが感じるわけではありません。まわりの仲間の植物たちも感じます。それを感じた植物たちのからだでは、ナミハダニに抵抗するためのタンパク質がつくられはじめることも、わかってきています。

虫に食べられたキャベツの叫びが聞こえる

キャベツ（アブラナ科）

キャベツはヨーロッパ原産です。この野菜は、日本には江戸時代の末期に伝えられ、明治時代には栽培が行われていました。この野菜の学名は「ブラシカ　オレラセア」ですが、これは、ケールやハクサイ、ハボタン、ブロッコリー、カリフラワーなどと同じです。それもそのはずで、これらはすべて、ケールから改良されたものだからです。ケールは葉が巻いていないので、球形ではありません。

キャベツのように、葉が重なり合って球状になるのを「結球」といい、そのような野菜は結球性の葉菜類といわれます。従ってキャベツは、レタス、ハクサイとともに、「三大結球性野菜」の一つです。

古い和名では、中国語名の「甘藍《カンラン》」、あるいは、玉のように結球するので、「玉菜」あるいは「球菜」と書かれます。この野菜は、価格が安く栄養が豊かなので、ヨーロッパでは、「貧者の医者」とか「貧乏人の医者」といわれます。

タケの項（P108）で、旧ソビエト連邦のレニングランド大学のトーキン博士が、「植物は、からだからカビや細菌を殺すいろいろな物質を出し、自分のからだを守っている」という考えを提唱したことを紹介しました。

キャベツも、助けを求める叫び声にその香りを使う植物の一つです。キャベツが栽培される畑には、モンシロチョウが飛びまわり、この野菜に卵を産みつけることがよく知られています。卵からかえった幼虫の「アオムシ」は、この野菜を食べながら成長します。

これに対し、この野菜はまったく無抵抗なわけではありません。キャベツは抵抗していることが、わかってきています。アオムシにかじられたキャベツは、その傷口から、アオムシコマユバチというハチが大好きな香りを発散させます。

その香りに引きつけられてやってくるアオムシコマユバチは、アオムシのからだに自分の卵を産みつけます。卵から生まれた幼虫は、アオムシのからだを蝕《むしば》みながら成長します。そのため、アオムシは死んでしまいます。

ということは、キャベツは、香りに「助けてくれ」という思いを込めて、助けてもらうのです。

コンパニオン植物になって仲間を守る

ミント（シソ科）

ミントは、シソ科ハッカ属の植物をまとめてよぶ名前です。主に三つあり、一つ目は「ペパーミント」で、これは「西洋ハッカ」ともよばれます。二つ目は「ジャパニーズミント」で、「日本ハッカ」ともいわれます。三つ目は「スペアミント」です。日本では「ハッカ」といえば、日本ハッカを指すことが多いようです。

いずれも清涼感のある香りですが、その主成分は、西洋ハッカと日本ハッカでは「メントール」で、スペアミントでは「カルボン」です。日本ハッカで香りの約70パーセントはこのメントールとなり、ついで西洋ハッカでは香りの約半分がメントールとなります。一方、スペアミントにはメントールは含まれず、香り成分の約半分はカルボンとよばれる成分で、次いで花の香りの「リモネン」が含まれています。

メントールを鼻で嗅いだり口に入れたりすると、ヒヤッとした〝冷たい〟という感覚が生じます。ほんとうは、冷たくはないのに〝冷たい〟という清涼感を感じます。古くから、この現象は多くの人に体験されており、「なぜなのか」と不思議に思われてきました。

近年、この仕組みが明らかになってきています。私たちのからだの皮膚には〝冷たさ〟を感じる仕組みが存在し、冷たさを感じる「受容体」とよばれるものが存在します。これは、リセプターとかセンサーともよばれます。

この受容体は、鼻や口の皮膚にも存在します。これが〝冷たさ〟を感じると、その刺激が脳に伝えられて〝冷たい〟と感じるのです。ところが、この受容体は、冷たさだけに反応するわけではなく、メントールという物質にも反応するのです。

すると〝冷たさ〟を感じたときと同じように、その刺激は脳に伝えられるために、脳は〝冷たい〟と感じるのです。これが、メントールを鼻で嗅いだり口に入れたりすると、私たちが〝冷たい〟と感じる仕組みです

一方、スペアミントはヨーロッパ原産のハーブで、花は8〜10月に咲きます。名前の「スペア」は「槍」のことで、葉っぱの形にちなみます。「ミント」は「ハッカ」の意味で、清涼感をもたらす香りです。

最近、香りの強いハーブであるペパーミントやその仲間のキャンディミントの香りの働きについての新しい知見がメディアで取り上げられました。ミントの香りには、害虫に葉っぱを食べられるのを防ぐ効果があることはすでに知られていました。

その話題は、東京理科大学と龍谷大学の研究グループが、このミントの香りを吸ったほ

かの植物にも、虫に食べられることからからだを守る効果があるのかを調べたものでした。

野外で、キャンディミントを栽培し、そのそばにダイズを育てました。その結果、キャンディミントの近くでダイズを育てたほうが、離れて育てた場合よりも、虫に食べられる被害が少なくなりました。

また、室内でキャンディミントとダイズを混植して育てておき、そのあと、キャンディミントと離して栽培された場合にも、室内で吸ったキャンディミントの香りの効果で、ダイズが虫に食べられる被害が減ったのです。室内で、キャンディミントの近くで育っていたダイズほど、被害を受ける割合は低くなりました。

温室の中で、ペパーミントとコマツナを混植して栽培すると、虫によるコマツナの食害が減りました。ペパーミントの近くで栽培されたコマツナは、離れて栽培された場合よりも、虫による食害が少なくなりました。

また、室内でコマツナとペパーミントとを混植して育てておき、そのあと、ペパーミントと離して栽培された場合でも、コマツナには、室内で吸ったペパーミントの香りの効果がありました。近くで吸っていたコマツナほど、被害は少なかったのです。

これらの結果は、ミントの香りには、ダイズやコマツナと一緒に栽培されると、虫からの被害を少なくする効果があることを示しています。ある種類の植物を近くで栽培することにより、その植物の病害虫の働きを抑えたり、成長を促進したりする効果をもたらす植物は「コンパニオン植物」とよばれます。ですから、ミントは、ダイズやコマツナを栽培するときのコンパニオン植物に利用できることになります。

ただ、ミントをそのように利用するときには、知っておかねばならないことがあります。ペパーミントやスペアミントなどは、地下茎で増えます。地下茎というのは、土の中を伸びる茎で、そこから地上部に芽生えを出してきます。

地下茎の先端は地上部に姿を見せずに伸びていきますから、その生育する範囲が広がっていきます。これらのミントを畑や花壇で一度栽培すると、翌年には、放っておいてもまた芽が出てきて、2年、3年と年数が経過すると、生育範囲がどんどん広がっていきます。

ミントの増え方やはびこる様子は、雑草のごときです。必要がなくなって、地上部の茎を刈り取っても、トカゲの尻尾切りのようなもので、地下茎は何事もなかったかのように成長します。いったん地下茎がはびこってしまうと、地上部から地下茎の伸びを抑えるのはむずかしいのです。

そのため、ミント類は鉢植えやプランターで栽培されるのが好ましいのです。地下茎は、鉢やプランターを越えて外へは伸びていかないからです。でも、どうしても畑や花壇の一角にミントを育てたいという場合もあります。

そのようなときには、植木鉢やプランターに種子をまいたり芽生えを植えたりして、その鉢やプランターを花壇や畑に埋め込んでしまうのです。あるいは、範囲を決めて、そこを囲うように板を埋め込みます。ミント類の地下茎は、地面の下をそんなに深くにまで伸びていきませんから、30~40センチメートルの深さまで板が埋められていれば、大丈夫です。

虫や鳥にかじられたらテレパシーで危険を知らせる

トマト（ナス科）

リママメやキャベツが発散させる香りは、助けを求めて、自分のからだを守るためでしたが、仲間に危険が迫っていることを知らせる香りもあります。トマトは、そのような香りを漂わせることが知られています。

ハスモンヨトウというガの幼虫は、トマトの葉を食べます。トマトは、食べられた葉に傷がつくと、その傷口から、ある香りを発散させます。その香りは、成分がきちんと調べられていて、「ヘキセノール」という物質の一種とわかっています。

その香りは、そばに育つトマトの株の葉に吸収されます。その香りを嗅いだ株は、その香りを吸収して葉に蓄え、その成分を材料にして、ハスモンヨトウの幼虫が成長しないような物質をつくるのです。ハスモンヨトウは、成長を抑制する物質を含んでいるトマトの葉を食べません。

結局、トマトは、そばに育つ株がかじられたことを香りで知って、自分の身を守るのです。かじられた株は、香りを出すことによって仲間を守っているのです。こうして、仲間同士で身を守り合っているのです。トマトだけではなく、イネやキュウリやナスも同じ仕組みをもっていると考えられています。

またトマトでは、甘く熟す前の青臭い香りは、「3‐ヘキセノール」です。トマトが熟すと、この3‐ヘキセノールが、「2‐ヘキセノール」に変化しています。2016年に、神戸大学大学院農学研究科の研究グループにより、この変換は、ヘキセノールイソメラーゼという物質が行っていることが明らかにされています。

桜餅のクマリンの正体は虫よけだった

サクラ（バラ科）

サクラの原産地は、ヒマラヤから中国の南西部にかけての地域とされます。学名は「セラスス」と表示され、サクラ属を示します。サクラという名称の植物はなく、サクラ属の多くの品種の総称として使われているのです。

日本には、かなり古くに渡来しています。「サクラ」という名前の語源には、いろいろな説があります。真偽は定かではありませんが、わかりやすいのは、「咲く」に、接尾語の「ら」がついたとする説です。

春を象徴する和菓子の一つは、「桜餅」です。桜餅の葉からは、おいしそうな甘い香りが漂います。桜餅に「サクラの葉っぱ」を使う理由は、餅の乾燥を防ぐ意味もありますが、やっぱり大切なのは、葉っぱから出る香りを味とともに楽しむためです。この香りは、私たちがフィトンチッドを暮らしに取り入れた一つの例です。

しかし、サクラの木に茂っている緑の葉をもぎ取って香りを嗅いでも、桜餅の葉の香りはしません。「桜餅には、葉に香りのある特別な種類のサクラが使われているのか」と思われます。桜餅に使われるのは、主にオオシマザクラの葉です。この葉は、大きくてやわらかく、そして、強い香りを出すからです。ところが、オオシマザクラの葉も、木に茂っている緑の葉はあの香りを出しません。葉を塩漬けにしておくと、あの香りが出てくるのです。

あの香りは、オオシマザクラでなくても、どんなサクラの葉からも出ます。ソメイヨシノの葉からも、塩漬けにすれば、あの香りは出るのですが、葉が硬いので、桜餅にして葉を食べるとき、おいしくないので使われません。ソメイヨシノは、花の美しさを目で楽しませ、オオシマザクラは、鼻で香りを楽しませてくれているのです。

桜餅のおいしそうな香りの成分は、「クマリン」という物質です。クマリンができる前の物質が緑の葉には含まれます。でも、その物質には香りはありません。葉には、もう一つの物質が含まれます。それには、クマリンができる前の物質をクマリンに変える働きがあります。しかし、緑の葉の中では、二つの物質は接触しないようになっています。そのため、クマリンの香りは発生しません。

塩漬けにして葉が死んでしまうと、これらの二つの物質が出会って反応します。その結果、クマリンができて、香りが漂ってくるのです。葉を塩漬けにしなくても、手でよく揉んでモミクチャにしておくと、クマリンのかすかな香りが漂いはじめます。葉が傷ついて、二つの物質が接触することになるからです。

葉が傷つくとクマリンの香りが漂うのは、葉が虫に食べられることへの防御反応です。葉を食べようと傷をつけた虫には、クマリンの香りは嫌な香りなのです。だから、あの香りはかじられた葉から出ますが、虫にかじられていない葉からは漂う必要がないのです。この香りには、菌の増殖を防ぐ効果（抗菌作用）もあり、虫にかじられた傷口からの菌の侵入を防ぐと考えられます。

「桜餅の葉っぱは食べてもいいのか」との疑問がもたれることがあります。個人差があるのでしょうが、ふつうには、「食べようと思えば、1、2枚であれば食べても問題ない」といわれます。

少し塩辛い味がありますが、桜餅の甘みと混ざり、おいしく感じられます。クマリンについては、「摂取すると、20〜30分後には血中に取り込まれ、その後、尿として排出される」といわれています。

1882年に、人工合成されたクマリンが開発されました。フランスのウビガン社は、この合成されたクマリンを使って、香水「フジェール・ロワイヤル」をつくりました。これが人工合成香料を使った初めての香水といわれます。これは、たちまち大人気となり、この香水をきっかけにして、人工香料を使った多くの香水がつくられています。

桜餅の葉っぱは、前述のように、1、2枚程度なら食べても問題ないといわれていますが、大量にクマリンを摂取すると肝臓に対する毒性があるのです。そのため、クマリンは食品添加物としては認められていません。逆に、クマリンのこの毒性効果を利用して「薬」がつくられています。クマリンは、香り以外にも、私たちのからだの役に立っています。

たとえば、「脳梗塞」「エコノミークラス症候群」や「心筋梗塞」など血液が固まることで引きおこされる病気に対して「クマリンの誘導体」が薬として使われています。「ワーファリン」あるいは「ワルファリン」という名前で知られています。

この薬は、血液が固まることを防ぎ、サラサラにします。不整脈などの人のからだの中で、血液が瞬間的に固まって、血栓ができるのを防ぐために服用するものです。血栓ができると、脳梗塞などの原因になるからです。

サクラの葉っぱがまだ緑色をしている初秋に、「数日間、雨が降り続いたあとの雨上がりの日、サクラ並木を自転車で走っていると、桜餅の香りであるクマリンがほのかに漂ってくる」という現象に出会うことがあります。

しかし、サクラの緑の葉っぱに数日間、雨が当たっても、桜餅の香り、すなわち、クマリンの香りが漂うことはありません。では、なぜ、雨あがりのサクラ並木で、桜餅の香りがするのでしょうか。

その原因は、サクラ並木のサクラの木の根元付近にたまっている、サクラの古い落ち葉です。古い落ち葉は死んでしまっているので、桜餅の香りがほのかにします。晴れの日が続いていると、落ち葉はカラカラに乾いて水気を含んでいません。そのため、香りはほとんどしません。数日間雨が降ると、たっぷり水を吸った落ち葉から、桜餅の香りがかすかに漂ってきます。

これは容易に確かめることができます。雨あがりの日、サクラの木の根元付近にある、水気をたっぷりと含んだサクラの古い落ち葉を一枚、そっと拾い上げて、香りを嗅いでみてください。桜餅の香りがほのかに漂ってきます。

多くの植物の葉っぱは、秋に枯れ落ちます。そんな光景を見ると、さびしい気持ちになり、葉っぱの命のはかなさを感じます。しかし、葉っぱはもの悲しく寂しい気持ちで生涯を終わるのではありません。親株のまわりに落ち、枯れ葉や落ち葉になっても、虫に食べられて糞になって土を肥やしたり、微生物に分解されて土に返り、「腐葉土」の素材となったりします。腐葉土とは、文字どおり、落ち葉が腐って肥やしとなる土です。落ち葉は、土に返り、若葉が育つ糧になるのです。

サクラの枯れ葉は、それだけではありません。親株の根元付近に落ち、虫の嫌がる香りを放ち、親とそこについている葉っぱを虫から守っているのです。腐葉土になるギリギリまで、枯れ葉は香りを放っているのです。

サクラの香りは、自分のからだを虫から守り、傷口からの菌の侵入を防ぎ、人間の健康にも貢献し、腐葉土になるギリギリまで、親とそこについている葉っぱを守っているのです。香りは、〝ただものではない〟との思いを強くせずにはいられません。

あとがき

私たち人間と植物たちは、深いつながりで結ばれています。たとえば、私たちの食糧である野菜や果物、穀物などはすべて、植物たちによって賄われています。「動物の肉を食べている」といっても、その肉がどうしてつくられたかをさかのぼると、植物たちに行き着きます。

近年、植物たちは、私たちの空腹を満たすだけではありません。食べものとしての植物たちは、栄養があり、健康にいい成分を多く含むことが求められています。

また、植物たちは、私たち人間の環境にも欠かせません。「自然」の風景の中に、空や海などとともに、植物たちは森や山をつくって存在します。

植物たちは、エネルギー源としても欠かせぬものです。石炭や石油という化石燃料は、大昔の植物たちに由来します。昔、枯れ木などは焚き木として燃やされ、日々の燃料でした。

植物たちは、私たちの心を支える存在でもあります。古くから、私たちは、共に心を寄り添わせて生きてきました。幸せな出来事があれば、花を飾って共に喜びを分かち合い、悲しい出来事があれば、花を供えて耐えてきているのです。

このように「植物たちが、私たちの生活のすべてを支えている」といっても言いすぎにならないほど、私たちは植物たちの恩恵にあずかって生きています。植物たちの存在がなくては、私たち人間の存在は成り立ちません。だからこそ、「21世紀は、私たち人間と植物たちとの共存・共生の時代」といわれるのです。

一方、遠い昔から、多くの植物たちが私たちの身近で、多種多様な〝香り〟を漂わせてきています。私たちは、それらの魅力にひかれ、愛でるように嗅ぎ、歌にも詠んできました。桜餅や刺身に添えるシソ（大葉）、樟脳のような防虫剤などにも、その香りを利用し、暮らしの中に取り入れてきました。

しかし、香りには姿や形はありませんから、私たちは、植物たちの香りに目を向けることをなおざりにしてきました。「目を向けても、香りは見えないから」という言い訳はできても、それらの働きぶりに目を向けてこなかったことは否めません。

香りに目を向けると、本書の「はじめに」で紹介したように、それらの多彩な働きが浮かんできます。香りは、ほのかなものであっても「〝ただもの〟ではない」という気配を漂わせ、私たちは、それを感じることができます。

近年、「〝ただもの〟ではない」という香りの正体が、科学的に明らかにされつつあります。また、私たちの暮らしや人間の健康に関わる、香りの働きが次々と話題となってきました。
そこで、既刊の拙著『植物はなぜ毒があるのか』と同様に、その分野の研究者である丹治邦和氏に共著者として執筆に加わっていただきました。そのおかげで、本書の内容は、医学的な研究や、疫学的な調査などで科学的に裏づけられました。その結果、香りは目に見えませんが、その正体や働きぶりが目に見える形で、姿を現してきたように思います
本書が、私たちの心の中で、また暮らしの中で、香りの世界が大きく広がるきっかけとなり、読者の方々が、今後の香りの展開に興味をもってくだされば、著者としては嬉しいです。

最後に、原稿を丁寧にお読みくださり、多くの貴重な御意見をくださった、弘前大学大学院医学研究科 脳血管病態学講座・今泉忠淳教授（医学博士）、国立研究開発法人 農研機構本部企画戦略本部研究推進部プロジェクト獲得推進室・アキリ亘博士（理学）に心からの謝意を表します。

２０２１年２月
田中　修

田中 修　たなか おさむ

Tanaka Osamu

1947年京都府生まれ。農学博士。京都大学農学部博士課程修了。米国スミソニアン研究所博士研究員などを経て、甲南大学特別客員教授・名誉教授。専門は植物生理学。『植物はすごい』『植物のひみつ』『植物はすごい　七不思議篇』（以上、中公新書）、『植物のあっぱれな生き方』『ありがたい植物』（以上、幻冬舎新書）、『日本の花を愛おしむ　令和の四季の楽しみ方』（中央公論新社）、『植物はおいしい』（ちくま新書）など著書多数。

丹治邦和　たんじ くにかず

Tanji Kunikazu

1969年京都府生まれ。博士（医学）。神戸大学農学部卒業。東京大学農学系研究科修士課程修了。米国テキサス大学内科学教室博士研究員、米国MDアンダーソンがんセンター博士研究員を経て、現在は弘前大学大学院医学研究科脳神経病理学講座助教。専門は分子病態学。『植物はなぜ毒があるのか』共著（幻冬舎新書）、『多系統萎縮症とオートファジー　神経内科』分担共著（科学評論社）。

参考文献

A.W.Galston「Life processes of plants」Scientific American Library 1994
P.F.Wareing & I.D.J.Phillips（古谷雅樹監訳）「植物の成長と分化」<上・下>
　学会出版センター　1983
田中修　「緑のつぶやき」　青山社　1998
田中修　「つぼみたちの生涯」　中公新書　2000
田中修　「ふしぎの植物学」　中公新書　2003
田中修　「クイズ植物入門」　講談社　ブルーバックス　2005
田中修　「入門たのしい植物学」　講談社　ブルーバックス　2007
田中修　「雑草のはなし」　中公新書　2007
田中修　「葉っぱのふしぎ」　SB クリエイティブ　サイエンス・アイ新書　2008
田中修　「都会の花と木」　中公新書　2009
田中修　「花のふしぎ 100」　SB クリエイティブ　サイエンス・アイ新書　2009
田中修　「植物はすごい」　中公新書　2012
田中修　「タネのふしぎ」　SB クリエイティブ　サイエンス・アイ新書　2012
田中修　「フルーツひとつばなし」　講談社現代新書　2013
田中修　「植物のあっぱれな生き方」　幻冬舎新書　2013
田中修　「植物は命がけ」　中公文庫　2014
田中修　「植物は人類最強の相棒である」　PHP 新書　2014
田中修　「植物の不思議なパワー」　NHK 出版　2015
田中修　「植物はすごい　七不思議篇」　中公新書　2015
田中修　「植物学『超』入門」SB クリエイティブ　サイエンス・アイ新書　2016
田中修　「ありがたい植物」　幻冬舎新書　2016
田中修　「植物のかしこい生き方」　SB 新書　2018
田中修　「植物のひみつ」　中公新書　2018
田中修　「植物の生きる『しくみ』にまつわる 66 題」
　SB クリエイティブ　サイエンス・アイ新書　2019
田中修「植物はおいしい」　ちくま新書　2019
田中修　「日本の花を愛おしむ」　中央公論社　2020
田中修　「植物のすさまじい生存競争」
　SB クリエイティブ　ビジュアル新書　2020
田中修・高橋亘　「植物栽培のふしぎ」
　B&T ブックス　日刊工業新聞社　2017
田中修・丹治邦和　「植物はなぜ毒があるのか」　幻冬舎新書　2020
田中修監修　ABC ラジオ「おはようパーソナリティ道上洋三です」編
　「花と緑のふしぎ」　神戸新聞総合出版センター　2008

第一章

1. Yamamoto T, Inui T and Tsuji T, The odor of Osmanthus fragrans attenuates food intake, Sci Rep 3 1518, (2013).
2. Kheirkhah M, Setayesh Valipour NS, Neisani L and Haghani H, A controlled trial of the effect of aromatherapy on birth outcomes using "Rose essential oil" inhalation and foot bath, Journal of Midwifery Reproductive health 2 77-81, (2014).
3. Ueno H, Shimada A, Suemitsu S, Murakami S, Kitamura N, Wani K, Takahashi Y, Matsumoto Y, Okamoto M, Fujiwara Y and Ishihara T, Comprehensive behavioral study of the effects of vanillin inhalation in mice, Biomed Pharmacother 115 108879, (2019).
4. Shen J, Niijima A, Tanida M, Horii Y, Maeda K and Nagai K, Olfactory stimulation with scent of grapefruit oil affects autonomic nerves, lipolysis and appetite in rats, Neurosci Lett 380 289-94, (2005).
5. Moss M, Cook J, Wesnes K and Duckett P, Aromas of rosemary and lavender essential oils differentially affect cognition and mood in healthy adults, Int J Neurosci 113 15-38, (2003).
6. Tarumi W and Shinohara K, The Effects of Essential Oil on Salivary Oxytocin Concentration in Postmenopausal Women, J Altern Complement Med 26 226-230, (2020).

第二章

7. McGinty D, Vitale D, Letizia CS and Api AM, Fragrance material review on benzyl acetate, Food Chem Toxicol 50 Suppl 2 S363-84, (2012).
8. Zhang X, Ji Y, Zhang Y, Liu F, Chen H, Liu J, Handberg ES, Chagovets VV and Chingin K, Molecular analysis of semen-like odor emitted by chestnut flowers using neutral desorption extractive atmospheric pressure chemical ionization mass spectrometry, Anal Bioanal Chem 411 4103-4112, (2019).
9. Oyama-Okubo N, Nakayama M and Ichimura K, Control of Floral Scent Emission by Inhibitors of Phenylalanine Ammonia-lyase in Cut Flower of Lilium cv. 'Casa Blanca' , J Japan Soc Hort Sci 80 190-199, (2011).
10. Zhang N, Zhang L, Feng L and Yao L, The anxiolytic effect of essential oil of Cananga odorata exposure on mice and determination of its major active constituents, Phytomedicine 23 1727-1734, (2016).

第三章

11. Ohgami S, Ono E, Horikawa M, Murata J, Totsuka K, Toyonaga H, Ohba Y, Dohra H, Asai T, Matsui K, Mizutani M, Watanabe N and Ohnishi T, Volatile Glycosylation in Tea Plants: Sequential Glycosylations for the Biosynthesis of Aroma beta-Primeverosides Are Catalyzed by Two Camellia sinensis Glycosyltransferases, Plant Physiol 168 464-77, (2015).
12. Ikei H, Song C and Miyazaki Y, Effects of olfactory stimulation by α -pinene on autonomic nervous activity, Journal of Wood Science 62 568-572, (2016).
13. Basiri Z, Zeraati F, Esna-Ashari F, Mohammadi F, Razzaghi K, Araghchian M and Moradkhani S, Topical Effects of Artemisia Absinthium Ointment and Liniment in Comparison with Piroxicam Gel in Patients with Knee Joint Osteoarthritis: A Randomized Double-Blind Controlled Trial, Iran J Med Sci 42 524-531, (2017).
14. 田中 福代 , 香りがりんごの風味を決定する 香気成分の制御機構と変動事例 , 日本調理科学会誌 50 151-155, (2017).
15. 田中 福代 , 岡崎 圭毅 , 樫村 友子 , 大脇 良成 , 立木 美保 , 澤田 歩 , 伊藤 伝 and 宮澤 利男 , リンゴみつ入り果の官能特性と香味成分プロファイルおよびその形成メカニズム , 日本食品科学工学会誌 63 101-116, (2016).

第四章

16. 伊賀瀬 道也 , クロモジエキスのインフルエンザ予防効果について－無作為化二重盲検プラセボ対照並行群間比較試験—, Jpn Pharmacol Ther 46 1369 -1373, (2018).
17. 河原 岳志 , 芦部 文一朗 , 松見 繁 and 丸山 徹也 , クロモジ熱水抽出物の持続的なインフルエンザウイルス増殖抑制効果 , Jpn Pharmacol Ther 47 1197-1204, (2019).
18. 中平 比沙子 , 小尾 信子 , 宮原 龍郎 and 落合 宏 , 植物精油の直接接触および芳香暴露の抗インフルエンザウイルス作用に関する研究 , アロマテラピー学雑誌 9 38-46, (2009).
19. Lahondere C, Vinauger C, Okubo RP, Wolff GH, Chan JK, Akbari OS and Riffell JA, The olfactory basis of orchid pollination by mosquitoes, Proc Natl Acad Sci U S A 117 708-716, (2020).
20. Okamoto T, Okuyama Y, Goto R, Tokoro M and Kato M, Parallel chemical switches underlying pollinator isolation in Asian Mitella, J Evol Biol 28 590-600, (2015).
21. 栗田 啓幸 and 小池 茂 , 紫蘇と食塩の食品防腐作用における相乗効果について , Nippon Nogeikagaku Kaishi 55 43-46, (1981).
22. Sun JS, Severson RF, Schlotzhauer WS and Kays SJ, Identi-fying critical volatiles in the flavor of baked 'Jewel' sweetpotatoes[Ipomoea batatas (L.) Lam, J. Amer. Soc. Hort. Sci. 120 468-474, (1995).
23. Isono T, Domon H, Nagai K, Maekawa T, Tamura H, Hiyoshi T, Yanagihara K, Kunitomo E, Takenaka S, Noiri Y and Terao Y, Treatment of severe pneumonia by hinokitiol in a murine antimicrobial-resistant pneumococcal pneumonia model, PLoS One 15 e0240329, (2020).

第五章

24. Terada Y, Hosono T, Seki T, Ariga T, Ito S, Narukawa M and Watanabe T, Sulphur-containing compounds of durian activate the thermogenesis-inducing receptors TRPA1 and TRPV1, Food Chem 157 213-20, (2014).
25. Oi Y, Kawada T, Shishido C, Wada K, Kominato Y, Nishimura S, Ariga T and Iwai K, Allyl-containing sulfides in garlic increase uncoupling protein content in brown adipose tissue, and noradrenaline and adrenaline secretion in rats, J Nutr 129 336-42, (1999).
26. Mara de Menezes Epifanio N, Rykiel Iglesias Cavalcanti L, Falcao Dos Santos K, Soares Coutinho Duarte P, Kachlicki P, Ozarowski M, Jorge Riger C and Siqueira de Almeida Chaves D, Chemical characterization and in vivo antioxidant activity of parsley (Petroselinum crispum) aqueous extract, Food Funct 11 5346-5356, (2020).
27. Bautista DM, Sigal YM, Milstein AD, Garrison JL, Zorn JA, Tsuruda PR, Nicoll RA and Julius D, Pungent agents from Szechuan peppers excite sensory neurons by inhibiting two-pore potassium channels, Nat Neurosci 11 772-9, (2008).
28. Kabuto H and Yamanushi TT, Effects of zingerone [4-(4-hydroxy-3-methoxyphenyl)-2-butanone] and eugenol [2-methoxy-4-(2-propenyl)phenol] on the pathological progress in the 6-hydroxydopamine-induced Parkinson's disease mouse model, Neurochem Res 36 2244-9, (2011).
29. Kabuto H, Tada M and Kohno M, Eugenol [2-methoxy-4-(2-propenyl)phenol] prevents 6-hydroxydopamine-induced dopamine depression and lipid peroxidation inductivity in mouse striatum, Biol Pharm Bull 30 423-7, (2007).
30. Lv LN, Wang XC, Tao LJ, Li HW, Li SY and Zheng FM, beta-Asarone increases doxorubicin sensitivity by suppressing NF-kappaB signaling and abolishes doxorubicin-induced enrichment of stem-like population by destabilizing Bmi1, Cancer Cell Int 19 153, (2019).
31. Xiao B, Huang X, Wang Q and Wu Y, Beta-Asarone Alleviates Myocardial Ischemia-Reperfusion Injury by Inhibiting Inflammatory Response and NLRP3 Inflammasome Mediated Pyroptosis, Biol Pharm Bull 43 1046-1051, (2020).

32. Kasper S, Gastpar M, Muller WE, Volz HP, Moller HJ, Schlafke S and Dienel A, Lavender oil preparation Silexan is effective in generalized anxiety disorder--a randomized, double-blind comparison to placebo and paroxetine, Int J Neuropsychopharmacol 17 859-69, (2014).
33. Sinaei F, Emami SA, Sahebkar A and Javadi B, Olfactory Loss Management in View of Avicenna: Focus on Neuroprotective Plants, Curr Pharm Des 23 3315-3321, (2017).

第六章
34. Matsumoto T, Asakura H and Hayashi T, Effects of olfactory stimulation from the fragrance of the Japanese citrus fruit yuzu (Citrus junos Sieb. ex Tanaka) on mood states and salivary chromogranin A as an endocrinologic stress marker, J Altern Complement Med 20 500-6, (2014).
35. Miyazawa N, Tomita N, Kurobayashi Y, Nakanishi A, Ohkubo Y, Maeda T and Fujita A, Novel character impact compounds in Yuzu (Citrus junos Sieb. ex Tanaka) peel oil, J Agric Food Chem 57 1990-6, (2009).
36. Yang HJ, Hwang JT, Kwon DY, Kim MJ, Kang S, Moon NR and Park S, Yuzu extract prevents cognitive decline and impaired glucose homeostasis in beta-amyloid-infused rats, J Nutr 143 1093-9, (2013).
37. Wood C, Siebert TE, Parker M, Capone DL, Elsey GM, Pollnitz AP, Eggers M, Meier M, Vossing T, Widder S, Krammer G, Sefton MA and Herderich MJ, From wine to pepper: rotundone, an obscure sesquiterpene, is a potent spicy aroma compound, J Agric Food Chem 56 3738-44, (2008).
38. 中野 典子 and 丸山 良子 , わさびの辛味成分と調理 , 椙山女学園大学研究論集 自然科学篇 30 111-121, (1999).

第七章
39. Moran JA, Pitcher Dimorphism, Prey Composition and the Mechanisms of Prey Attraction in the Pitcher Plant Nepenthes Rafflesiana in Borneo, Journal of Ecology 84 515-525, (1996).
40. Kurup R, Johnson AJ, Sankar S, Hussain AA, Sathish Kumar C and Sabulal B, Fluorescent prey traps in carnivorous plants, Plant Biol (Stuttg) 15 611-5, (2013).
41. Jürgens A, El-Sayed AM and Suckling DM, Do carnivorous plants use volatiles for attracting prey insects, Functional Ecology 23 875-887, (2009).
42. Knaapila A, Hwang LD, Lysenko A, Duke FF, Fesi B, Khoshnevisan A, James RS, Wysocki CJ, Rhyu M, Tordoff MG, Bachmanov AA, Mura E, Nagai H and Reed DR, Genetic analysis of chemosensory traits in human twins, Chem Senses 37 869-81, (2012).

第八章
43. Shimoda T, A key volatile infochemical that elicits a strong olfactory response of the predatory mite Neoseiulus californicus, an important natural enemy of the two-spotted spider mite Tetranychus urticae, Exp Appl Acarol 50 9-22, (2010).
44. Julius D, TRP channels and pain, Annu Rev Cell Dev Biol 29 355-84, (2013).
45. Sukegawa S, Shiojiri K, Higami T, Suzuki S and Arimura GI, Pest management using mint volatiles to elicit resistance in soy: mechanism and application potential, Plant J 96 910-920, (2018).
46. Sugimoto K, Matsui K and Takabayashi J, Conversion of volatile alcohols into their glucosides in Arabidopsis, Commun Integrative Biol 8 e992731, (2015).
47. Kunishima M, Yamauchi Y, Mizutani M, Kuse M, Takikawa H and Sugimoto Y, Identification of (Z)-3:(E)-2-Hexenal Isomerases Essential to the Production of the Leaf Aldehyde in Plants, J Biol Chem 291 14023-33, (2016).

香りの成分と主な働き

植物名	学名	取り上げた香り成分	主な働き
キンモクセイ	オスマントウス　フラグランス *Osmanthus fragrance*	ガンマデカラクトン	ダイエット効果
バラ（ダマスクローズ）	ロサ　ダマスケナ *Rosa damascena*	ゲラニオール	美肌
スズラン	コンバラリア　ケイスケイ *Convallaria keiskei*	リナロール	腸を緩める
バニラ	バニラ　プラニフォリア *Vanilla planifolia*	バニリン	鎮痛作用
グレープフルーツ	シトラス　パラディシ *Citrus paradisi*	リモネン	褐色脂肪細胞の活性化
ローズマリー	ロスマリヌス　オフィシナリス *Rosmarinus officinalis*	酢酸ボルニル	森の香り
ダイダイ	シトラス　アウランティウム *Citrus aurantium*	シネフリン	交感神経活性化
クチナシ	ガーデニア　ヤスミノイデス *Gardenia jasminoides*	リナロール 酢酸ベンジル	甘い香り

クリ	カスタネア　クレナタ *Castanea crenata*	フェネチルアミン	恋愛物質
ウメ	プラヌス　ムメ *Prunus mume*	ガンマデカラクトン	女性らしさ
ゲッカビジン	エピフィルム　オキシペタルム *Epiphyllum oxypetalum*	ゲラニオール	甘い香り
ユリ	リリウム *Lilium*	イソオイゲノール	甘い香り
イランイラン	カナンガ　オドラタ *Cananga odorata*	安息香酸ベンジル	開放感　不安解消
ジンチョウゲ	ダフネ　オドラ *Daphne odora*	ダフニン	お香
チャ	カメリア　シネンシス *Camellia sinensis*	青葉アルコール ピラジン、プリメベロシド	リラックス効果
マツ	ピヌス *Pinus*	ピネン	睡眠効果
クスノキ	シナモマム　カンフォラ *Cinnamomum camphora*	ピネン	ストレス緩和
イグサ	ジュンクス　エフスス *Juncus effusus*	ヘキサナール	リラックス効果

植物名	学名	取り上げた香り成分	主な働き
コーヒーノキ	コフェア *Coffea*	ジヒドロベンゾフラン	セロトニン様作用
ヨモギ	アルテミシア　インディカ *Artemisia indica*	カリオフィレン	鎮痛作用
ヨモギ(クソニンジン)	アルテミシア　アヌア *Artemisia annua*	カリオフィレン	鎮痛作用
リンゴ	マルス　ドメスティカ *Malus domestica*	エチルエステル	蜜入りリンゴの合図
ジャスミン(マツリカ)	ヤスミヌム　サンバック *Jasminum sambac*	酢酸ベンジル リナロール	甘い香り
クロモジ	リンデラ　ウンベラータ *Lindera umbellata*	シネオール リナロール	抗菌作用 抗ウイルス作用
ユーカリ	ユーカリプタス　グロブルス *Eucalyptus globulus*	ユーカリプトール	抗ウイルス作用
ライラック	シリンガ　ブルガリス *Syringa vulgaris*	ライラックアルデヒド	種の保存
シソ	ペリラ　フルテスケンス *Perilla frutescens*	ペリラアルデヒド	抗菌作用

香りの成分と主な働き

タケ（モウソウチク）	フィロスタキス　ヘテロシクラ *Phyllostachys heterocycla*	青葉アルコール 青葉アルデヒド	抗菌作用
カツラ	セルシディフィルム　ヤポニクム *Cercidiphyllum japonicum*	マルトール	キャラメルの香り
ヒノキ	チャマエシパリス　オブツサ *Chamaecyparis obtusa*	カジノール	防虫効果
ヒバ	ツヨプシス　ドラブラータ *Thujopsis dolabrata*	ヒノキチオール	抗ウイルス作用
タチバナ	シトラス　タチバナ *Citrus tachibana*	フェランドレン	甘い香り
ニンニク	アリウム　サティブム *Allium sativum*	アリシン	強壮作用
ピーマン	カプシクム　アンヌウム *Capsicum annuum*	ピラジン	ピーマンの香り
パセリ	ペトロセリヌム　クリスプム *Petroselinum crispum*	アピイン	抗がん剤への応用
セロリ	アピウム　グラベオレンス *Apium graveolens*	アピイン	抗酸化作用
サンショウ	ザントクシルム　ピペリツム *Zanthoxylum piperitum*	サンショオール	辛み成分 鎮痛作用

植物名	学名	取り上げた香り成分	主な働き
カシワ	クエルクス　デンタタ *Quercus dentata*	オイゲノール	抗酸化作用
ショウブ	アコルス　カラムス *Acorus calamus*	アサロン	抗がん作用
ラベンダー	ラバンデュラ　アングスティフォリア *Laveadula angustifolia*	リナロール 酢酸リナリル	抗不安作用
ライム	シトラス　オーランチフォリア *Citrus aurantifolia*	テルピネオール	脳血流量改善
ユズ	シトラス　ユノス *Citrus junos*	リモネン	ストレス緩和作用
レモン	シトラス　リモン *Citrus limon*	リモネン シトラール	フレーバー
スダチ	シトラス　スダチ *Citrus sudachi*	スダチチン	高脂血症改善
カボス	シトラス　スファエロカルパ *Citrus sphaerocarpa*	リモネン ミルセン	ストレス緩和作用
ミョウガ	ジンギベル　ミオガ *Zingiber mioga*	ピネン	ストレス緩和

ミツバ	クリプトタエニア　ヤポニカ *Cryptotaenia japonica*	クリプトテーネン	食欲を高める香り
コショウ	ピペル　ニグルム *Piper nigrum*	ロタンダン	ワインの香り
ワサビ	ワサビア　ヤポニカ （エウトレマ　ヤポニクム） *Wasabia japonica (Eutrema japonicum)*	アリルイソチオシアネート	辛み成分
カラシナ	ブラシカ　ジュンセア *Brassica juncea*	アリルイソチオシアネート	辛み成分
シクラメン	シクラメン　ペプシクム *Cyclamen persicum*	香りなし？	
ヘクソカズラ	パエデリア　スカンデンス *Paederia scandens*	メルカプタン	自己防衛
ドクダミ	ホウツイニア　コルダタ *Houttuynia cordata*	デカノイルアセトアルデヒド	特有の臭気 抗菌・殺菌作用
ラフレシア	ラフレシア　アルノルディイ *Rafflesia arnoldii*	ジメチルトリスルフィド	腐った肉のにおい
ショクダイオオコンニャク	アモフォファルス　ティタヌム *Amorphophallus titanum*	ジメチルトリスルフィド イソ吉草酸	腐った肉のにおい 納豆のにおい
ウツボカズラ	ネペンテス　ラフレシアナ *Nepenthes rafflesiana*	硫化アリル	誘虫効果

植物名	学名	取り上げた香り成分	主な働き
タマネギ	アリウム　セパ *Allium cepa*	硫化アリル（プロパンチアール・S・オキシド）	催涙作用
パクチー	コリアンドルム　サチブム *Coriandrum sativum*	カプリンアルデヒド	パクチーの香り
イチョウ	ギンクゴ　ビロバ *Ginkgo biloba*	酪酸 ヘプタン酸	ギンナンの香り
リママメ	ファセオラス　ルナツス *Phaseolus lunatus*	オシメン メチルナトリエン	防虫効果
キャベツ	ブラシカ　オレラセア *Brassica oleracea*	SOSシグナル	防虫効果
ミント	メンサ *Mentha*	メントール	清涼感
スペアミント	メンサ　スピカタ *Mentha spicata*	カルボン	防虫効果
トマト	ソラヌム　リコペルシクム *Solanum lycopersicum*	ヘキセノール	自己防衛
サクラ	セラスス *Cerasus*	クマリン	香水

香りの成分と主な働き

索引

Staff
装丁・本文デザイン　岡 睦（mocha design）
イラスト　花松あゆみ
校正　山崎しのぶ
編集　藤井文子　神谷有二（山と溪谷社）

かぐわしき植物たちの秘密
香りとヒトの科学

2021年3月1日　初版第1刷発行

著　者　田中　修
　　　　丹治邦和
発行人　川崎深雪
発行所　株式会社 山と溪谷社
　　　　〒101-0051
　　　　東京都千代田区神田神保町1丁目105番地
　　　　https://www.yamakei.co.jp/
印刷・製本　図書印刷 株式会社

●乱丁・落丁のお問合せ先
山と溪谷社自動応答サービス　TEL.03-6837-5018
受付時間／10：00－12：00、13：00－17：30（土日、祝日を除く）
●内容に関するお問合せ先
山と溪谷社　TEL.03-6744-1900（代表）
●書店・取次様からのお問合せ先
山と溪谷社受注センター
TEL.03-6744-1919　FAX.03-6744-1927

＊定価はカバーに表示してあります。
＊乱丁・落丁などの不良品は送料小社負担でお取り替えいたします。

ISBN978-4-635-58044-1

Printed in Japan